"岗课赛证"融通(建筑工程识图)配套系列教材
"互联网＋"创新型教材

建筑 CAD

主　编　赵　强
副主编　赵　丹　　任丽芳
　　　　高绘玲
主　审　邱长华　李剑慧

U0318570

武汉理工大学出版社
·武汉·

内 容 简 介

本书作为"岗课赛证"融通(建筑工程识图)配套教材,是编者在总结其企业设计岗位经验、指导建筑工程识图国赛经验及常规教学经验的基础上,结合"1+X"建筑工程识图职业技能等级标准及中高职教育的特点,联合烟台市建筑设计研究股份有限公司一线建筑设计工程师,以一套多层混凝土办公楼为依据编写而成。全书根据工作过程,共分为4个模块、11个任务,以"岗位导向、能力递进"为导向,优化绘图课程体系,在精讲传统CAD绘图的基础上,增设了天正建筑CAD及中望建筑CAD应用模块,使本书内容更好地与工作岗位相衔接。本书编写过程中将1+X建筑工程识图职业技能等级证书及全国职业技能大赛建筑工程识图赛项考核的内容融入其中,并对考试真题进行解析,助力绘图能力的提升。本书力求实现以岗位需求为核心、以课程为依托、以竞赛为促进、以证书为考核的"岗课赛证"融通人才培养模式。

本书可作为中高职院校建筑工程各专业的教材,也可以作为其他专业学生学习CAD的参考书,以及"1+X"建筑工程识图职业技能等级考核及全国职业技能大赛建筑工程识图赛项备赛的指导用书。

图书在版编目(CIP)数据

建筑CAD/赵强主编. —武汉:武汉理工大学出版社,2022.10
ISBN 978-7-5629-6730-9

Ⅰ.①建… Ⅱ.①赵… Ⅲ.①建筑设计—计算机辅助设计—AutoCAD软件—高等职业教育—教材 Ⅳ.①TU201.4

中国版本图书馆CIP数据核字(2022)第197240号

项目负责人:戴皓华			责任编辑:戴皓华	
责 任 校 对:李正五			封面设计:芳华时代	
出 版 发 行:武汉理工大学出版社				
社　　　址:武汉市洪山区珞狮路122号				
邮　　　编:430070				
网　　　址:http://www.wutp.com.cn				
经　　　销:各地新华书店				
印　　　刷:武汉市金港彩印有限公司				
开　　　本:787×1092　1/16				
印　　　张:14.25				
字　　　数:356千字				
版　　　次:2022年10月第1版				
印　　　次:2022年10月第1次印刷				
印　　　数:2000册				
定　　　价:46.00元				

凡购本书,如有缺页、倒页、脱页等印装质量问题,请向出版社发行部调换。

本社购书热线电话:027-87384729　87391631　87165708(传真)

前　言

　　在建筑信息化日益发展的今天,绘图能力作为土建类专业学生必须具备的一项核心能力,越来越受到各中高职院校及用人单位的重视。而 AutoCAD 和中望 CAD 是目前应用最广泛的两款软件,其简洁、精确及高效的特点,已使其成为土建类设计人员的必备工具。为贯彻落实全国职业教育大会精神,推动现代职业教育高质量发展,国务院办公厅印发《关于推动现代职业教育高质量发展的意见》,提出完善"岗课赛证"综合育人机制。

　　编者在总结企业设计岗位经验、指导建筑工程识图国赛经验及常规教学经验的基础上,结合"1+X"建筑工程识图职业技能等级标准及中高职教育的特点,联合烟台市建筑设计研究股份有限公司一线建筑设计工程师,以一套多层混凝土办公楼为依据编写了本书,力求真正实现以岗位需求为核心、以课程为依托、以竞赛为促进、以证书为考核的"岗课赛证"融通人才培养模式。

　　本书包括 4 个模块,11 个任务,16 个子任务。

　　模块 1 包括任务 1、任务 2,主要讲解建筑制图的相关概念、制图规则及标准,常用 CAD 软件的基本界面、绘图环境设置及基本操作,该模块是进行后续模块学习的基础。模块 2 包括任务 3 至任务 8,为传统 CAD 绘图部分,主要包括绘制图框,建筑平面图、立面图、剖面图,建筑详图及结构图等内容,通过该模块的学习,学生可以系统地掌握 CAD 绘图的基本思路和技巧,本模块也是建筑识图技能比赛及"1+X"建筑工程识图职业技能等级考核的重要内容。模块 3 包括任务 9、任务 10,为建筑模块化 CAD 绘图部分,主要讲解如何快速绘制建筑平面图、立面图、剖面图等内容,通过该模块的学习,学生可以系统地掌握建筑模块化 CAD 快速绘图的思路和技巧,本模块内容与学生今后的工作岗位紧密结合,也是 1+X 建筑工程识图职业技能等级考核的重要内容。模块 4 包括任务 11,为 CAD 成果转换与打印输出,该部分内容相对简单,但是与工作岗位联系紧密,属于必备技能。最后收集了"1+X"建筑工程识图职业技能等级考核样题及 2021 年全国职业技能大赛建筑工程识图赛项的绘图真题(**扫封面或前言后的二维码下载**),并对题目进行了浅析。

　　编者认为好的图纸应该具有清晰、简明、准确三个特征。

　　好的图纸必须清晰、简明、一目了然,很容易识读其中的墙柱、门窗、楼梯、管线、设备、尺寸标注、文字说明等,图形互不重叠。清晰的图面不仅能清楚地表达设计思路和设计内容,也是提高绘图速度的基石。

　　图纸必须严格按照制图标准绘制且内容应准确无误。常见的图纸不准确问题有 200 厚的墙体绘成 240 厚,洞口尺寸标注为 1000×2000,而实际测量却是 1250×2100,等等。绘图准确不仅是为了美观,更重要的是可以直观地反映一些图面问题,对于提高绘图速度也有重要的影响,特别是在图纸修改时。

　　图纸除了要清晰、简明、准确外,绘图"高效"同样重要。除了掌握最基本的绘图、编辑命令外,还要注意总结绘图思路和技巧。在不同的场景下,使用哪个命令的哪项功能是最快捷的,这需要我们在不断的实操中总结经验。所谓条条大道通"罗马",绘制一幅建筑图可以采用不同的绘图命令和方法,但总有一条更快捷的方式等待你去挖掘。希望通过本书的讲解,能起到抛砖引玉的效果。

本书由烟台职业学院赵强担任主编,武汉商贸职业学院赵丹,烟台职业学院任丽芳、高绘玲担任副主编,烟台市建筑设计研究股份有限公司邱长华及烟台职业学院李剑慧参与了编审工作。

本书任务1～3由高绘玲编写,任务4、任务9～11由赵强编写,任务5～7由赵丹编写,任务8由任丽芳编写,全书由邱长华、李剑慧主审,赵强统稿。

本书在编写过程中,力求严谨详尽、通俗易懂,但由于编者水平有限,不足之处在所难免,敬请读者批评指正。为方便修订改进,如在使用过程中有任何建议或意见请致信120727574@qq.com,不胜感激。

编　者

2022年8月

"1＋X"及识图
大赛样题下载

目　录

模块 1　绘图基础知识——认知篇

模块 2　传统 CAD 绘图——基础篇

模块 3　建筑模块化 CAD 快速绘图——提高篇

模块 4　成果转换与打印输出——应用篇

模块 1
绘图基础知识——认知篇

　　本模块主要讲解建筑制图的相关概念、规则及标准，常用 CAD 软件的基本界面、绘图环境设置及基本操作，本模块是进行后续模块学习的基础，也是"1＋X"建筑工程识图职业技能等级考核的重要内容。本模块的内容以学生自学为主，讲解为辅。

任务 1　建筑制图基础知识

知识目标	能力目标	相关规范、标准
熟悉建筑制图的基本规则和要求	能将制图规则和要求应用于后续绘图过程	《房屋建筑制图统一标准》(GB/T 50001—2017)、《建筑制图标准》(GB/T 50104—2010)、《建筑结构制图标准》(GB/T 50105—2010)、《总图制图标准》(GB/T 50103—2010)。

本次任务主要介绍建筑制图的相关概念、规则及标准,并将这些内容系统化讲解,这有助于学生更系统地把握知识点,也便于学生在学习过程中查阅。掌握制图标准是进行后续精准快速制图的基础和依据,也有助于建筑识图能力的提升。我国现行的建筑制图标准有《房屋建筑制图统一标准》(GB/T 50001—2017)、《建筑制图标准》(GB/T 50104—2010)、《建筑结构制图标准》(GB/T 50105—2010)、《总图制图标准》(GB/T 50103—2010)、《建筑给水排水制图标准》(GB/T 50106—2010)、《暖通空调制图标准》(GB/T 50114—2010)等,限于篇幅,本次任务重点介绍常用的建筑及结构制图标准,其他详见各制图标准。

思政元素:无论何时同学们都应积极培养规则意识,识大体、顾大局。

1.1　概念、术语

建筑制图
基本知识

(1)图纸幅面:图纸宽度与长度组成的图面。

(2)字体(font):文字的风格样式,又称书体。

(3)比例(scale):图中图形与其实物相应要素的线性尺寸之比。

(4)视图(view):将物体按正投影法向投影面投射时所得到的投影。

(5)轴测图(axonometric drawing):用平行投影法将物体连同确定该物体的直角坐标系一起沿不平行于任一坐标平面的方向投射到一个投影面上,所得到的图形。

(6)标高(elevation):以某一水平面作为基准面,并作零点(水准原点)起算地面(楼面)至基准面的垂直高度。

(7)图层(layer):计算机制图文件中相关图形元素数据的一种组织结构。属于同一图层的实体具有统一的颜色、线型、线宽、状态等属性。

(8)byblock:一种特殊的对象特性,用于指定对象从它所在的块中继承颜色或线型。

(9)bylayer:一种特殊的对象特性,用于指定对象继承与它所在的图层关联的颜色或线型。

(10)关联图案填充(bhatch):与其边界对象保持一致的图案填充,修改边界对象时会自动调整填充。

(11)关联标注(dimassoc,系统变量):当修改关联的几何图形时,自动调整其大小和值的标注。当初始值为"1"时,创建非关联标注对象。标注的各种元素组成一个单一的对象。如果标注的一个定义点发生移动,则标注将更新。当初始值为"2"时,创建关联标注对象。标注的各种元素组成单一的对象,并且标注的一个或多个定义点与几何对象上的关联点相联结。如果几何对象上的关联点发生移动,那么标注位置、方向和值将更新。

(12)精度:AutoCAD 提供几种功能来确保模型所需要的精度。

(13)特性:可以为单个对象指定特性(例如颜色和线型),或者将其作为指定图层的默认特性。

1.2　图纸幅面规格

(1)图纸幅面

①图纸幅面及图框尺寸应符合表 1-1 的规定,图纸的短边尺寸不应加长,A0 至 A3 幅面长边尺寸可加长。

表 1-1　幅面及图框尺寸/mm

尺寸代号	幅面代号				
	A0	A1	A2	A3	A4
$b \times l$	841×1189	594×841	420×594	297×420	210×297
c	10			5	
a	25				

注:表中 b 为幅面短边尺寸,l 为幅面长边尺寸,c 为图框线与幅面线间宽度,a 为图框线与装订边间宽度。

②需要微缩复制的图纸,其一个边上应附有一段准确米制尺度,四个边上均附有对中标志,米制尺度的总长应为 100mm,分格应为 10mm。对中标志应画在图纸内框各边长的中点处,线宽 0.35mm,并应伸入内框边,在框外为 5mm。对中标志的线段应于图框长边尺寸 l_1 和图框短边尺寸 b_1 范围取中。

③图纸以短边作为垂直边应为横式,以短边作为水平边应为立式。A0～A3 图纸宜横式使用;必要时,也可立式使用。一个工程设计中,每个专业所使用的图纸,不宜多于两种幅面,不含目录及表格所采用的 A4 幅面。

(2)标题栏

图纸中应有标题栏、图框线、幅面线、装订边线和对中标志。图纸的标题栏及装订边的位置,横式使用图纸按图 1-1 至图 1-3,立式按图 1-4 至图 1-6 规定的形式布置。

(3)图纸编排顺序

工程图纸应按专业顺序编排,应为图纸目录、总图、建筑图、结构图、给水排水图、暖通空调图、电气图等。各专业的图纸,应按图纸内容的主次关系、逻辑关系进行分类排序。

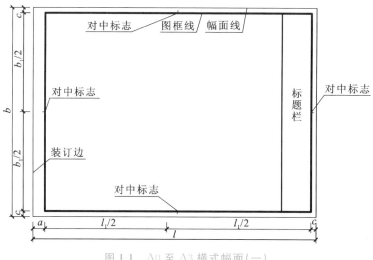

图 1-1 A0 至 A3 横式幅面(一)

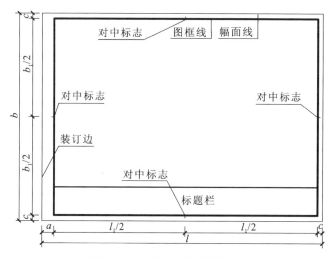

图 1-2 A0 至 A3 横式幅面(二)

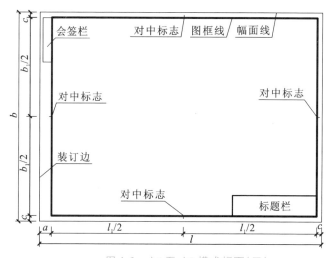

图 1-3 A0 至 A3 横式幅面(三)

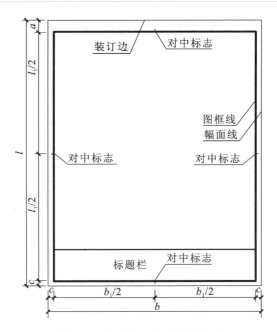

图 1-4   A0 至 A3 立式幅面(一)

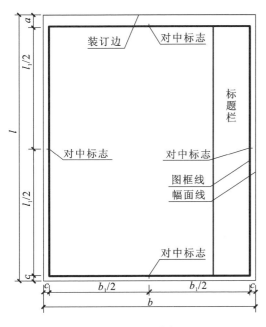

图 1-5   A0 至 A3 立式幅面(二)

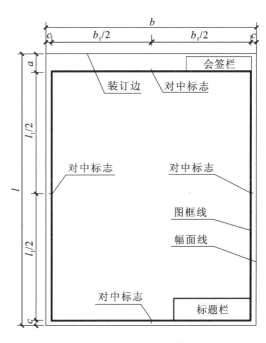

图 1-6   A0 至 A3 立式幅面(三)

1.3   图   线

(1)建筑图线的基本宽度 b,宜从 1.4mm、1.0mm、0.7mm、0.5mm 线宽系列中选取。每个图样,应根据复杂程度与比例大小,先选定基本线宽 b,再选用表 1-2 中相应的线宽组。

表 1-2　　线宽组/mm

线宽比	线宽组			
b	1.4	1.0	0.7	0.5
$0.7b$	1.0	0.7	0.5	0.35
$0.5b$	0.7	0.5	0.35	0.25
$0.25b$	0.35	0.25	0.18	0.13

注：①需要缩微的图纸，不宜采用 0.18mm 及更细的线宽。

②同一张图纸内，各不同线宽中的细线，可统一采用较细的线宽组的细线。

（2）工程建设制图应选用表 1-3 所示的图线，同一张图纸内，相同比例的各图样，应选用相同的线宽组。

表 1-3　　图线

名称		线型	线宽	用途
实线	粗	———————	b	主要可见轮廓线
	中粗	———————	$0.7b$	可见轮廓线、变更云线
	中	———————	$0.5b$	可见轮廓线、尺寸线
	细	———————	$0.25b$	图例填充线、家具线
虚线	粗	━ ━ ━ ━ ━	b	见各有关专业制图标准
	中粗	━ ━ ━ ━ ━	$0.7b$	不可见轮廓线
	中	– – – – – –	$0.5b$	不可见轮廓线、图例线
	细	- - - - - - - - -	$0.25b$	图例填充线、家具线
单点长画线	粗	━ · ━ · ━	b	见各有关专业制图标准
	中	— · — · —	$0.5b$	见各有关专业制图标准
	细	— · — · —	$0.25b$	中心线、对称线、轴线等
双点长画线	粗	━ ·· ━ ·· ━	b	见各有关专业制图标准
	中	— ·· — ·· —	$0.5b$	见各有关专业制图标准
	细	— ·· — ·· —	$0.25b$	假想轮廓线、成型前原始轮廓线
折断线	细	—／\—	$0.25b$	断开界线
波浪线	细	～～～	$0.25b$	断开界线

（3）图纸的图框和标题栏线可采用表 1-4 的线宽。

表 1-4　　图框和标题栏线的宽度

幅面代号	图框线	标题栏外框线对中标志	标题栏分格线幅面线
A0、A1	b	$0.5b$	$0.25b$
A2、A3、A4	b	$0.7b$	$0.35b$

（4）相互平行的图例线，其净间隙或线中间隙不宜小于 0.2mm。

（5）虚线、单点长画线或双点长画线的线段长度和间隔，宜各自相等；单点长画线或双点长画线，当在较小图形中绘制有困难时，可用实线代替；单点长画线或双点长画线的两端，不应是点。点画线与点画线交接或点画线与其他图线交接时，应是线段交接；虚线与虚线交接或虚线与其他图线交接时，应是线段交接。虚线为实线的延长线时，不得与实线相接。图线不得与文字、数字或符号重叠、混淆，不可避免时，应首先保证文字的清晰。

（6）图线的基本宽度 b，应根据图样的复杂程度和比例，并按现行国家标准的有关规定选用，绘制较简单的图样时，可采用两种线宽的线宽组，其线宽比宜为 b：$0.25b$。如常用的平面图、墙身剖面图及详图图线宽度选用详见图 1-7 至图 1-9。

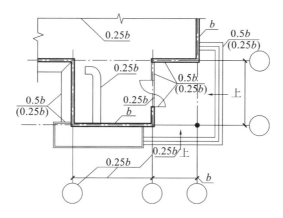

图 1-7　平面图图线宽度选用示例

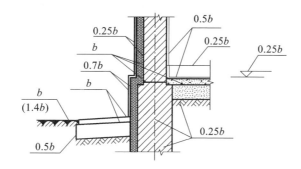

图 1-8　墙身剖面图图线宽度选用示例

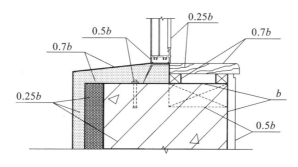

图 1-9　详图图线宽度选用示例

(7)建筑专业、室内设计专业制图采用的各种图线,应符合表 1-5 的规定。

表 1-5　建筑专业、室内设计专业制图采用的各种图线

名称		线型	线宽	一般用途
实线	粗		b	1.平、剖面图中被剖切的主要建筑构造(包括构配件)的轮廓线; 2.建筑立面图或室内立面图的外轮廓线; 3.建筑构造详图中被剖切的主要部分的轮廓线; 4.建筑构配件详图中的外轮廓线; 5.平、立、剖面的剖切符号
	中粗		$0.7b$	1.平、剖面图中被剖切的次要建筑构造(包括构配件)的轮廓线; 2.建筑平、立、剖面图中建筑构配件的轮廓线; 3.建筑构造详图及建筑构配件详图中的一般轮廓线
	中		$0.5b$	小于 $0.7b$ 的图形线、尺寸线、尺寸界线、索引符号、标高符号、详图材料做法引出线、粉刷线、保温层线、地面和墙面的高差分界线等
	细		$0.25b$	图例填充线、家具线、纹样线等
虚线	中粗		$0.7b$	1.建筑构造详图及建筑构配件不可见的轮廓线; 2.平面图中的梁式起重机(吊车)轮廓线; 3.拟建、扩建建筑物轮廓线
	中		$0.5b$	投影线、小于 $0.5b$ 的不可见轮廓线
	细		$0.25b$	图例填充线、家具线等
单点长画线	粗		b	起重机(吊车)轨道线
	细		$0.25b$	中心线、对称线、定位轴线
折断线			$0.25b$	断开界线
波浪线			$0.25b$	断开界线

注:地坪线宽度可用 $1.4b$。

1.4　字　　体

(1)图纸上所需书写的文字、数字或符号等,均应笔画清晰、字体端正、排列整齐;标点符号应清楚正确。文字的字高应从表 1-6 中选用。字高大于 10mm 的文字宜采用 True type 字体,当须书写更大的字,其高度应按 $\sqrt{2}$ 的倍数递增。

表 1-6　文字的字高/mm

字体种类	中文矢量字体	True type 字体及非中文矢量字体
字高	3.5、5、7、10、14、20	3、4、6、8、10、14、20

（2）图样及说明中的汉字，宜优先采用 True type 字体中的宋体字型，采用矢量字体时应为长仿宋体字型。同一图纸字体种类不应超过两种。矢量字体的宽高比宜为 0.7，且应符合表 1-7 的规定，打印线宽宜为 0.25～0.35mm；True type 字体宽高比宜为 1。大标题、图册封面、地形图等的汉字，也可书写成其他字体，但应易于辨认，其宽高比宜为 1。

表 1-7　长仿宋字高宽关系/mm

字高	20	14	10	7	5	3.5
字宽	14	10	7	5	3.5	2.5

（3）字母及数字，当须写成斜体字时，其斜度应是从字的底线逆时针向上倾斜 75°。斜体字的高度和宽度应与相应的直体字相等。字母及数字的字高，不应小于 2.5mm。数量的数值注写，应采用正体阿拉伯数字。各种计量单位凡前面有量值的，均应采用国家颁布的单位符号注写。单位符号应采用正体字母。分数、百分数和比例数的注写，应采用阿拉伯数字和数学符号。当注写的数字小于 1 时，应写出个位的"0"，小数点应采用圆点，齐基准线书写。

1.5　比　　例

（1）图样的比例，应为图形与实物相对应的线性尺寸之比，比例的符号应为"："，比例应以阿拉伯数字表示，比例宜注写在图名的右侧，字的基准线应取平；比例的字高宜比图名的字高小一号或二号，详见图 1-10。

图 1-10　比例的注写

（2）绘图所用的比例应根据图样的用途与被绘对象的复杂程度，从表 1-8 中选用，并应优先采用表中常用比例。

表 1-8　绘图所用的比例

图　　名	比　　例
建筑物或构筑物的平面图、立面图、剖面图	1：50、1：100、1：150、1：200、1：300
建筑物或构筑物的局部放大图	1：10、1：20、1：25、1：30、1：50
配件及构造详图	1：1、1：2、1：5、1：10、1：15、1：20、1：25、1：30、1：50

（3）一般情况下，一个图样应选用一种比例。根据专业制图需要，同一图样可选用两种比例。特殊情况下也可自选比例，这时除应注出绘图比例外，还应在适当位置绘制出相应的比例尺。

1.6 符 号

1.6.1 剖切符号

(1)剖切符号宜优先选择国际通用方法表示［图 1-11（a）］,也可采用常用方法表示［图 1-11（b）］,同一套图纸应选用一种表示方法。

(2)剖切符号标注的位置应符合下列规定:

①建(构)筑物剖面图的剖切符号应注在±0.000 标高的平面图或首层平面图上;

②局部剖切图(不含首层)、断面图的剖切符号应注在包含剖切部位的最下面一层的平面图上。

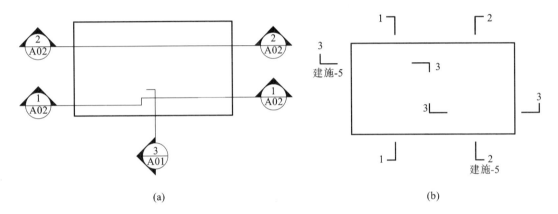

(a)   (b)

图 1-11 剖视的剖切符号

(3)采用国际通用剖视表示方法时,剖面及断面的剖切符号应符合下列规定:

①剖面剖切索引符号应由直径为 8～10mm 的圆和水平直径以及两条相互垂直且外切圆的线段组成,水平直径上方应为索引编号,下方应为图纸编号,线段与圆之间应填充黑色并形成箭头表示剖视方向,索引符号应位于剖线两端;断面及剖视详图剖切符号的索引符号应位于平面图外侧一端,另一端为剖视方向线,长度宜为 7～9mm,宽度宜为 2mm。

②剖切线与符号线线宽应为 0.25b。

③需要转折的剖切位置线应连续绘制。

④剖号的编号宜由左至右、由下向上连续编排。

(4)采用常用方法表示时,剖面的剖切符号应由剖切位置线及剖视方向线组成,均应以粗实线绘制,线宽宜为 b。剖面的剖切符号应符合下列规定:

①剖切位置线的长度宜为 6～10mm;剖视方向线应垂直于剖切位置线,长度应短于剖切位置线,宜为 4～6mm。绘制时,剖视剖切符号不应与其他图线相接触。

②剖视剖切符号的编号宜采用粗阿拉伯数字,按剖切顺序由左至右、由下向上连续编排,并应注写在剖视方向线的端部,详见图 1-11(b)。

③需要转折的剖切位置线,应在转角的外侧加注与该符号相同的编号。

④断面的剖切符号应仅用剖切位置线表示,其编号应注写在剖切位置线的一侧;编号所在

的一侧应为该断面的剖视方向,其余同剖面的剖切符号,详见图1-12。

⑤剖面图或断面图,当与被剖切图样不在同一张图内,应在剖切位置线的另一侧注明其所在图纸的编号,也可在图上集中说明。

⑥索引剖视详图时,应在被剖切的部位绘制剖切位置线,并以引出线引出索引符号,引出线所在的一侧应为剖视方向。

图1-12 断面的剖切符号图

(5)剖面图除应画出剖切面切到部分的图形外,还应画出沿投射方向看到的部分,被剖切面切到部分的轮廓线用0.7b线宽的实线绘制,剖切面没有切到但沿投射方向可以看到的部分,用0.5b线宽的实线绘制;断面图则只需用0.7b线宽的实线画出剖切面切到部分的图形,详见图1-13。

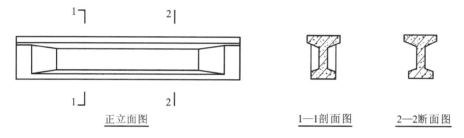

正立面图　　　　1—1剖面图　　2—2断面图

图1-13 剖面图与断面图的区别

1.6.2 索引符号与详图符号

(1)图样中的某一局部或构件,如需另见详图,应以索引符号索引[图1-14(a)]。索引符号是由直径为8~10mm的圆和水平直径组成,圆及水平直径线宽宜为0.25b。索引符号应按下列规定编写:

①当索引出的详图与被索引的详图同在一张图纸内,应在索引符号的上半圆中用阿拉伯数字注明该详图的编号,并在下半圆中间画一段水平细实线[图1-14(b)]。

②当索引出的详图与被索引的详图不在同一张图纸中,应在索引符号的上半圆中用阿拉伯数字注明该详图的编号,在索引符号的下半圆用阿拉伯数字注明该详图所在图纸的编号[图1-4(c)]。数字较多时,可加文字标注。

③当索引出的详图采用标准图时,应在索引符号水平直径的延长线上加注该标准图集的编号[图1-4(d)]。当要标注比例时,文字在索引符号右侧或延长线下方,与符号下对齐。

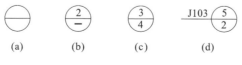

(a)　　　(b)　　　(c)　　　(d)

图1-14 索引符号

(2)当索引符号用于索引剖视详图时,应在被剖切的部位绘制剖切位置线,并以引出线引出索引符号,引出线所在的一侧应为剖视方向。索引符号的编写应符合索引符号的规定,详见图1-15。

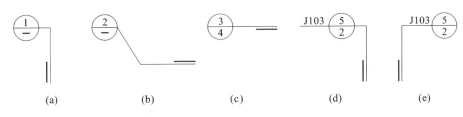

图 1-15　用于索引剖视详图的索引符号

（3）零件、钢筋、杆件及消火栓、配电箱、管井等设备的编号宜以直径为 4～6mm 的圆表示，圆线宽为 $0.25b$，同一图样应保持一致，其编号应用阿拉伯数字按顺序编写，详见图 1-16。

（4）详图的位置和编号应以详图符号表示。详图符号的圆直径为 14mm，以粗实线绘制。详图编号应符合下列规定：

①当详图与被索引的图样在同一张图纸内时，应在详图符号内用阿拉伯数字注明详图的编号，详见图 1-17；

②当详图与被索引的图样不在同一张图纸内时，应用细实线在详图符号内画一水平直径，在上半圆中注明详图编号，在下半圆中注明被索引的图纸的编号，详见图 1-18。

图 1-16　零件、　　　图 1-17　详图与被索引图样在　　　图 1-18　详图与被索引图样不
钢筋等的编号　　　　同一张图纸内的详图符号　　　　在同一张图纸内的详图符号

1.6.3　引出线

（1）引出线线宽应为 $0.25b$，宜采用水平方向的直线，或与水平方向成 30°、45°、60°、90° 的直线，并经上述角度再折成水平线。文字说明宜注写在水平线的上方[图 1-19(a)]，也可注写在水平线的端部[图 1-19(b)]。索引详图的引出线，应与水平直径线相连接[图 1-19(c)]。

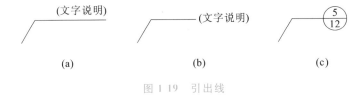

图 1-19　引出线

（2）同时引出的几个相同部分的引出线，宜互相平行，也可画成集中于一点的放射线（图 1-20）。

图 1-20　共同引出线

（3）多层构造或多层管道共用引出线，应通过被引出的各层，并用圆点示意对应各层次。

文字说明宜注写在水平线的上方,或注写在水平线的端部,说明的顺序应由上至下,并应与被说明的层次对应一致;如层次为横向排序,则由上至下的说明顺序应与由左至右的层次对应一致,详见图 1-21。

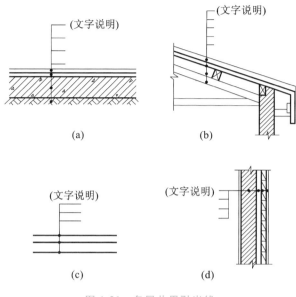

图 1-21   多层共用引出线

1.6.4   其他符号

(1)对称符号由对称线和两端的两对平行线组成。对称线用细单点长画线绘制;平行线用细实线绘制,其长度宜为 6～10mm,每对的间距宜为 2～3mm;对称线垂直平分于两对平行线,两端超出平行线宜为 2～3mm,详见图 1-22。

(2)连接符号应以折断线表示需连接的部位。两部位相距过远时,折断线两端靠图样一侧应标注大写拉丁字母表示连接编号。两个被连接的图样应用相同的字母编号,详见图 1-23。

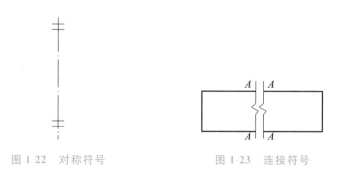

图 1-22   对称符号   图 1-23   连接符号

(3)指北针的形状符合图 1-24 的规定,其圆的直径宜为 24mm,用细实线绘制;指针尾部的宽度宜为 3mm,指针头部应注"北"或"N"字。需用较大直径绘制指北针时,指针尾部的宽度宜为直径的 1/8。指北针与风玫瑰结合时宜采用互相垂直的线段,线段两端应超出风玫瑰轮廓线 2～3mm,垂点宜为风玫瑰中心,北向应注"北"或"N"字,组成风玫瑰的所有线宽均宜为 $0.5b$。

（4）对图纸中局部变更部分宜采用云线，并宜注明修改版次。修改版次符号宜为边长0.8cm的正等边三角形，修改版次应采用数字表示。变更云线的线宽宜按0.7b绘制，详见图1-25。

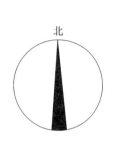
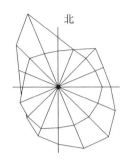

图1-24 指北针、风玫瑰图

图1-25 变更云线（1为修改次数）

1.7 建筑材料图例

1.7.1 一般规定

（1）《房屋建筑制图统一标准》（GB/T 50001—2017）只规定常用建筑材料的图例画法，对其尺度比例不作具体规定。使用时，应根据图样大小而定，并应符合下列规定：

①图例线应间隔均匀、疏密适度，做到图例正确、表示清楚；

②不同品种的同类材料使用同一图例时，应在图上附加必要的说明；

③两个相同的图例相接时，图例线宜错开或使倾斜方向相反，详见图1-26；

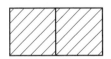
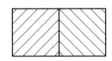

图1-26 相同图例相接时的画法

④两个相邻的涂黑图例间应留有空隙，其净宽度不得小于0.5mm，详见图1-27。

（2）下列情况可不加图例，但应加文字说明：

①一张图纸内的图样只用一种图例时；

②图形较小无法画出建筑材料图例时。

（3）需画出的建筑材料图例面积过大时，可在断面轮廓线内，沿轮廓线作局部表示，详见图1-28。

图1-27 相邻涂黑图例的画法

图1-28 局部表示图例

（4）当选用《房屋建筑制图统一标准》（GB/T 50001—2017）中未包括的建筑材料时，可自编图例,但不得与《房屋建筑制图统一标准》(GB/T 50001—2017)所列的图例重复。绘制时,应在适当位置画出该材料图例,并加以说明。

1.7.2　常用建筑材料图例

常用建筑材料图例应按表 1-9 所示画法绘制。

表 1-9　常用建筑材料图例

序号	名称	图例	备注
1	自然土壤		包括各种自然土壤
2	夯实土壤		—
3	砂、灰土		—
4	砂砾石、碎砖三合土		—
5	石材		—
6	毛石		—
7	实心砖、多孔砖		包括普通砖、多孔砖、混凝土砖等砌体
8	耐火砖		包括耐酸砖等砌体
9	空心砖、空心砌块		包括空心砖、普通或轻骨料混凝土小型空心砌块等砌体
10	加气混凝土		包括加气混凝土砌块砌体、加气混凝土墙板及加气混凝土材料制品等
11	饰面砖		包括铺地砖、玻璃马赛克、陶瓷锦砖、人造大理石等
12	焦渣、矿渣		包括与水泥、石灰等混合而成的材料
13	混凝土		1.包括各种强度等级、骨料、添加剂的混凝土; 2.在剖面图上绘制表达钢筋时,则不需绘制图例线; 3.断面图形较小,不易绘制表达图例线时,可填黑或深灰(灰度宜70%)
14	钢筋混凝土		
15	多孔材料		包括水泥珍珠岩、沥青珍珠岩、泡沫混凝土、软木、蛭石制品等
16	纤维材料		包括矿棉、岩棉、玻璃棉、麻丝、木丝板、纤维板等

续表1-9

序号	名称	图　例	备　注
17	泡沫塑料材料		包括聚苯乙烯、聚乙烯、聚氨酯等多聚合物类材料
18	木材		1.上图为横断面,左上图为垫木、木砖或木龙骨; 2.下图为纵断面
19	胶合板		应注明为×层胶合板
20	石膏板		包括圆孔或方孔石膏板、防水石膏板、硅钙板、防火板等
21	金属		1.包括各种金属; 2.图形较小时,可填黑或深灰(灰度宜70%)
22	网状材料		1.包括金属、塑料网状材料; 2.应注明具体材料名称
23	液体		应注明具体液体名称
24	玻璃		包括平板玻璃、磨砂玻璃、夹丝玻璃、钢化玻璃、中空玻璃、夹层玻璃、镀膜玻璃等
25	橡胶		—
26	塑料		包括各种软、硬塑料及有机玻璃等
27	防水材料		构造层次多或比例大时,采用上面的图例
28	粉刷		本图例采用较稀的点

注:①本表中所列图例通常在1∶50及以上比例的详图中绘制表达。

　　②如需表达砖、砌块等砌体墙的承重情况时,可通过在原有建筑材料图例上增加填灰等方式进行区分,灰度宜为25%左右。

　　③序号1、2、5、7、8、14、15、21图例中的斜线、短斜线、交叉线等均为45°。

1.7.3　构造及配件图例

构造及配件图例详见《建筑制图标准》(GB/T 50104—2010),本书节选了部分内容,见表1-10。

表1-10　构造及配件图例

序号	名称	图例	备　注
1	墙体		1.上图为外墙,下图为内墙; 2.外墙细线表示有保温层或有幕墙; 3.应加注文字或涂色或图案填充表示各种材料的墙体; 4.在各层平面图中防火墙宜着重以特殊图案填充表示

序号	名称	图例	备　　注
2	楼梯	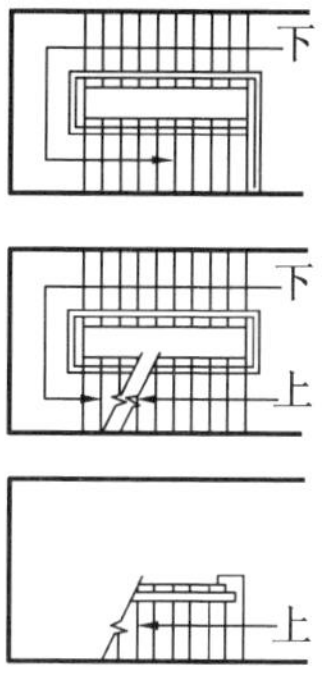	1.上图为顶层楼梯平面,中图为中间层楼梯平面,下图为底层楼梯平面; 2.需设置靠墙扶手或中间扶手时,应在图中表示
3	单面开启单扇门（单扇平开或单向弹簧）	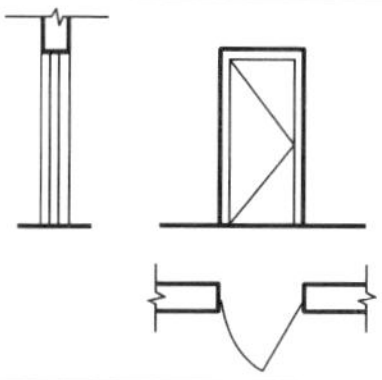	
	双面开启单扇门（单扇平开或双向弹簧）	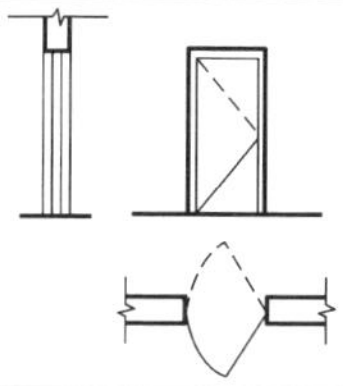	
	双层单扇平开门	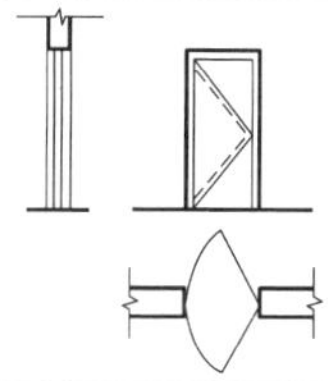	1.门的名称代号用 M 表示。 2.平面图中,下为外,上为内,门开启线为 90°、60°或 45°。 3.立面图中,开启线实线为外开,虚线为内开。开启线交角的一侧为安装合页一侧。开启线在建筑立面图中可不表示,在立面大样图中可根据需要绘出。 4.剖面图中,左为外,右为内。 5.附加纱扇应以文字说明,在平、立、剖面图中均不表示。 6.立面形式应按实际情况绘制
	单面开启双扇门（包括平开或单面弹簧）	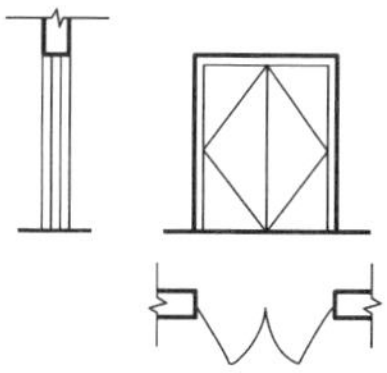	
	双面开启双扇门（包括双面平开或双面弹簧）	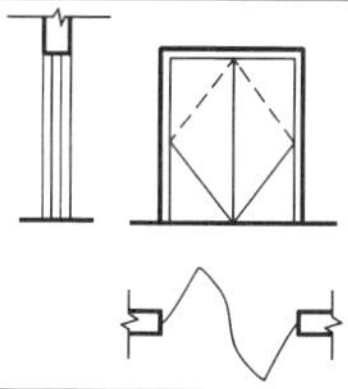	
	双层双扇平开门	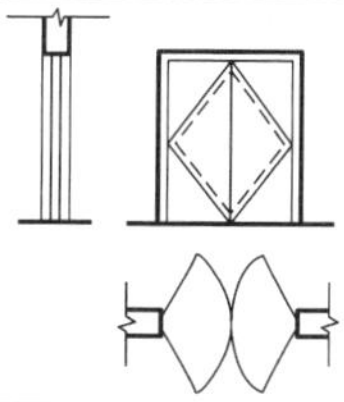	

续表 1 10

序号	名称	图例	备　注
4	门连窗	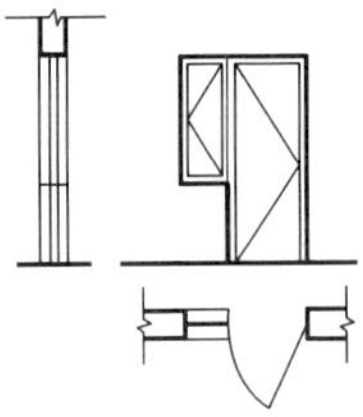	
5	固定窗	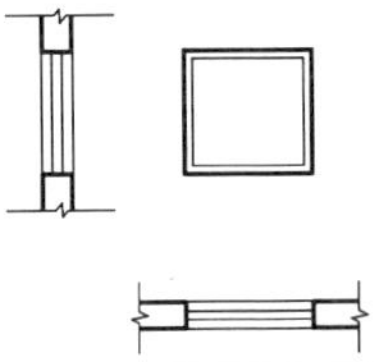	
6	上悬窗	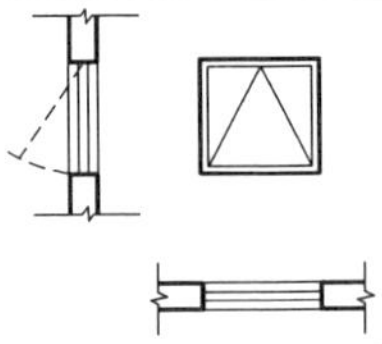	
7	中悬窗	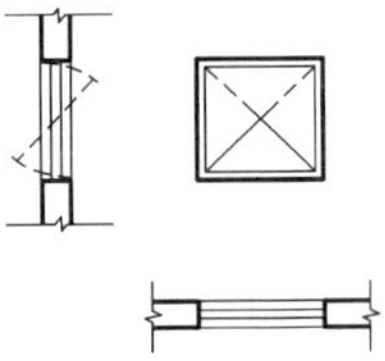	1.窗的名称代号用 C 表示。 2.平面图中,下为外,上为内。 3.立面图中,开启线实线为外开,虚线为内开。开启线交角的一侧为安装合页一侧。开启线在建筑立面图中可不表示,在门窗立面大样图中需绘出。 4.剖面图中,左为外,右为内,虚线仅表示开启方向,项目设计不表示。 5.附加纱窗应以文字说明,在平、立、剖面图中均不表示。 6.立面形式应按实际情况绘制
8	下悬窗	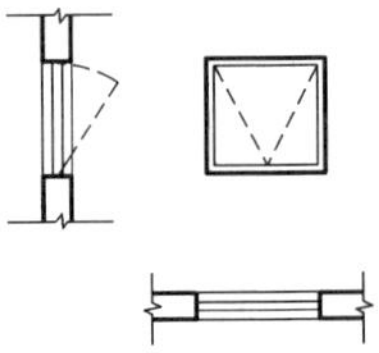	
9	立转窗	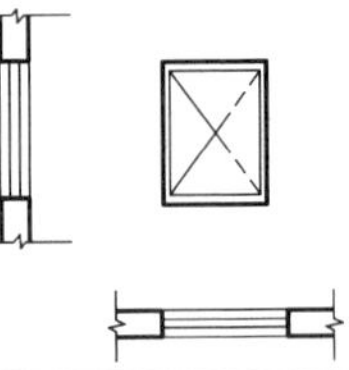	
10	内开平开 内倾窗	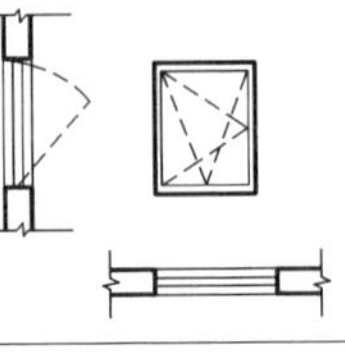	
11	单层外开 平开窗	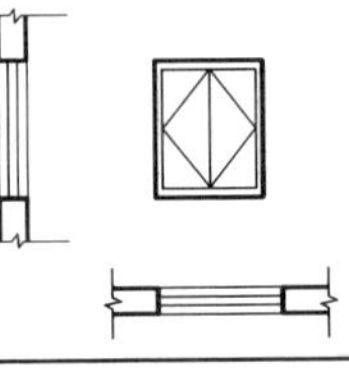	

续表 1-10

序号	名称	图例	备　　注
12	单层内开平开窗	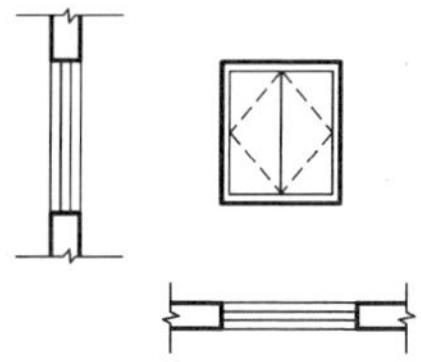	
13	双层内外开平开窗	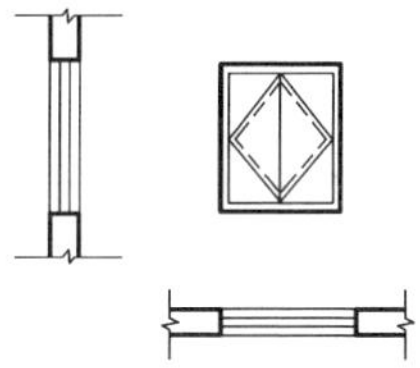	
14	单层推拉窗	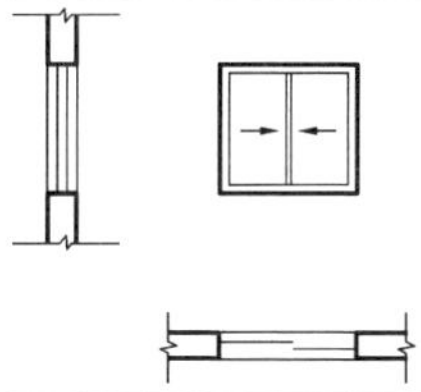	1. 窗的名称代号用 C 表示； 2. 立面形式应按实际情况绘制
15	双层推拉窗	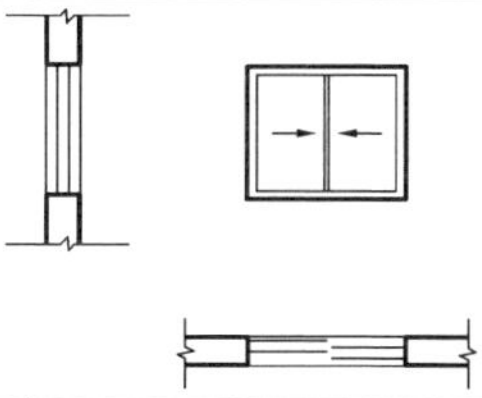	
16	百叶窗	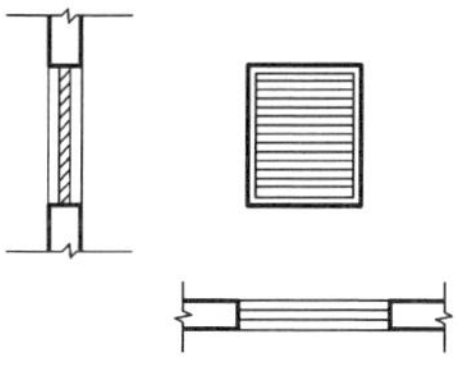	
17	高窗	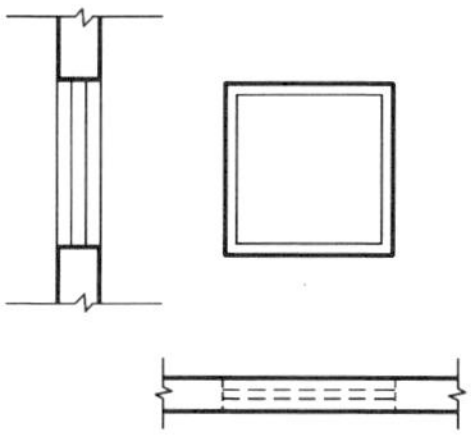 *h*=	1. 窗的名称代号用 C 表示。 2. 立面图中，开启线实线为外开，虚线为内开。开启线交角的一侧为安装合页一侧。开启线在建筑立面图中可不表示，在门窗立面大样图中需绘出。 3. 剖面图中，左为外，右为内。 4. 立面形式应按实际情况绘制。 5. *h* 表示高窗底距本层地面标高。 6. 高窗开启方式参考其他窗型
18	平推窗	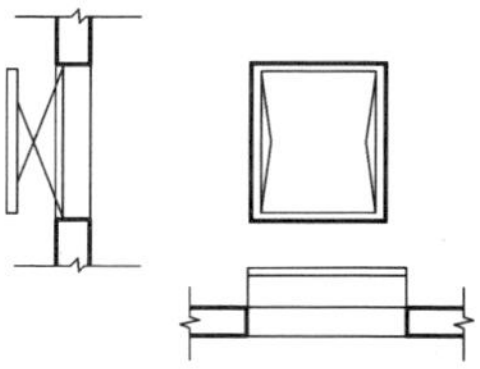	1. 窗的名称代号用 C 表示； 2. 立面形式应按实际情况绘制

1.8　尺　寸　标　注

1.8.1　尺寸界线、尺寸线及尺寸起止符号

(1)图样上的尺寸,应包括尺寸界线、尺寸线、尺寸起止符号和尺寸数字,详见图 1-29。

(2)尺寸界线应用细实线绘制,应与被注长度垂直,其一端应离开图样轮廓线不应小于2mm,另一端宜超出尺寸线 2～3mm。图样轮廓线可用作尺寸界线,详见图 1-30。

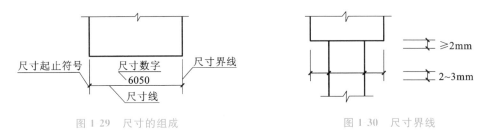

图 1-29　尺寸的组成　　　　　　　　　　　图 1-30　尺寸界线

图 1-31　箭头尺寸起止符号

(3)尺寸线应用细实线绘制,应与被注长度平行。图样本身的任何图线均不得用作尺寸线。

(4)尺寸起止符号用中粗斜短线绘制,其倾斜方向应与尺寸界线成顺时针 45°角,长度宜为 2～3mm。半径、直径、角度与弧长的尺寸起止符号,宜用箭头表示,箭头宽度 b 不宜小于 1mm,详见图 1-31。

1.8.2　尺寸数字

(1)图样上的尺寸,应以尺寸数字为准,不得从图上直接量取。

(2)图样上的尺寸单位,除标高及总平面以米为单位外,其他必须以毫米为单位。

(3)尺寸数字的方向,应按图 1-32(a)的规定注写。若尺寸数字在 30°斜线区内,也可按图 1-32(b)的形式注写。

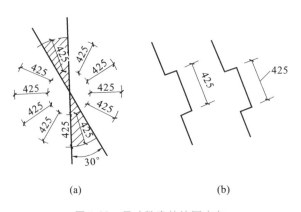

(a)　　　　　　　　　　　(b)

图 1-32　尺寸数字的注写方向

(4)尺寸数字一般应依据其方向注写在靠近尺寸线的上方中部。如没有足够的注写位置,最

外边的尺寸数字可注写在尺寸界线的外侧,中间相邻的尺寸数字可上下错开注写,可用引出线表示标注尺寸的位置,详见图1-33。

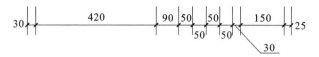

图1-33 尺寸数字的注写位置

1.8.3 尺寸的排列与布置

(1)尺寸宜标注在图样轮廓以外,不宜与图线、文字及符号等相交,详见图1-34。

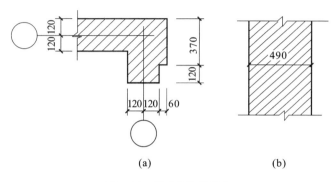

图1-34 尺寸数字的注写

(2)互相平行的尺寸线,应从被注写的图样轮廓线由近向远整齐排列,较小尺寸应离轮廓线较近,较大尺寸应离轮廓线较远,详见图1-35。

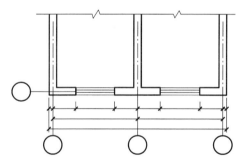

图1-35 尺寸的排列

(3)图样轮廓线以外的尺寸界线,距图样最外轮廓之间的距离,不宜小于10mm。平行排列的尺寸线的间距,宜为7～10mm,并应保持一致(图1-35)。

(4)总尺寸的尺寸界线应靠近所指部位,中间的分尺寸的尺寸界线可稍短,但其长度应相等(图1-35)。

1.8.4 半径、直径、球的尺寸标注

(1)半径的尺寸线应一端从圆心开始,另一端画箭头指向圆弧。半径数字前应加注半径符号"R",详见图1-36。

(2)较小圆弧的半径,可按图 1-37 形式标注。

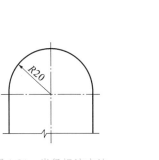

图 1-36　半径标注方法

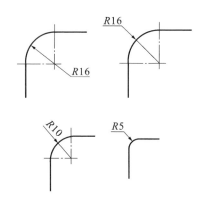

图 1-37　小圆弧半径的标注方法

(3)较大圆弧的半径,可按图 1-38 形式标注。

图 1-38　大圆弧半径的标注方法

(4)标注圆的直径尺寸时,直径数字前应加直径符号"ϕ"。在圆内标注的尺寸线应通过圆心,两端画箭头指至圆弧(图 1-39),较小圆的直径尺寸,可标注在圆外(图 1-40)。

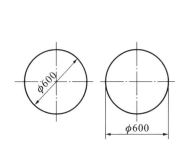

图 1-39　圆直径的标注方法

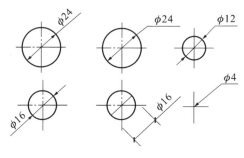

图 1-40　小圆直径的标注方法

1.8.5　角度、弧度、弧长的标注

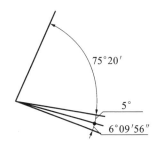

图 1-41　角度标注方法

(1)角度的尺寸线应以圆弧表示。该圆弧的圆心应是该角的顶点,角的两条边为尺寸界线。起止符号应以箭头表示,如没有足够位置画箭头,可用圆点代替,角度数字应沿尺寸线方向注写,详见图 1-41。

(2)标注圆弧的弧长时,尺寸线应以与该圆弧同心的圆弧线表示,尺寸界线应指向圆心,起止符号用箭头表示,弧长数字上方应加注圆弧符号"⌒",详见图 1-42。

（3）标注圆弧的弦长时，尺寸线应以平行于该弦的直线表示，尺寸界线应垂直于该弦，起止符号用中粗斜短线表示，详见图 1-43。

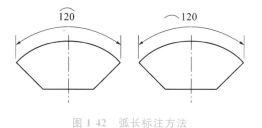

图 1-42 弧长标注方法　　　　图 1-43 弦长标注方法

1.8.6 薄板厚度、正方形、坡度、非圆曲线等尺寸标注

（1）在薄板板面标注板厚尺寸时，应在厚度数字前加厚度符号"*t*"，详见图 1-44。

（2）标注正方形的尺寸，可用"边长×边长"的形式，也可在边长数字前加正方形符号，详见图 1-45。

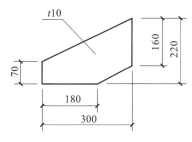　　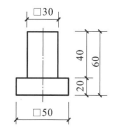

图 1-44 薄板厚度的标注方法　　　图 1-45 标注正方形尺寸

（3）标注坡度时，应加注坡度符号"←"或"←"［图 1-46（a）、（b）］，箭头应指向下坡方向［图 1-46（c）、（d）］。坡度也可用直角三角形的形式标注［图 1-46（e）、（f）］。

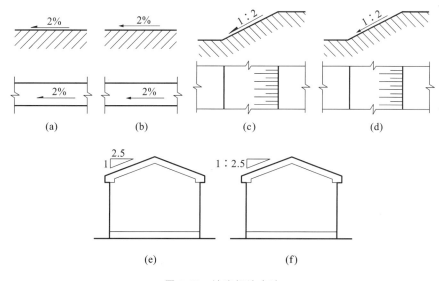

图 1-46 坡度标注方法

(4)外形为非圆曲线的构件,可用坐标形式标注尺寸,详见图1-47。

(5)复杂的图形,可用网格形式标注尺寸,详见图1-48。

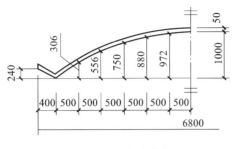

图1-47　坐标法标注曲线尺寸

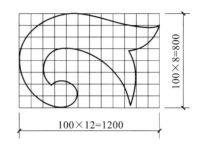

图1-48　网格法标注曲线尺寸

1.8.7　尺寸的简化标注

(1)杆件或管线的长度,在单线图(桁架简图、钢筋简图、管线简图)上,可直接将尺寸数字沿杆件或管线的一侧注写,详见图1-49。

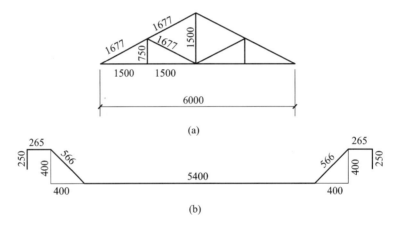

图1-49　单线图尺寸标注方法

(2)连续排列的等长尺寸,可用"等长尺寸×个数＝总长"[图1-50(a)]或"总长(等分个数)"[图1-50(b)]的形式标注。

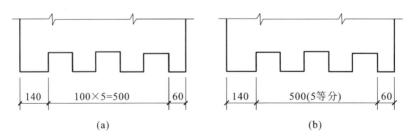

图1-50　等长尺寸简化标注方法

(3)构配件内的构造因素(如孔、槽等)如相同,可仅标注其中一个要素的尺寸,详见图 1-51。

(4)对称构配件采用对称省略画法时,该对称构配件的尺寸线应略超过对称符号,仅在尺寸线的一端画尺寸起止符号,尺寸数字应按整体全尺寸注写,其注写位置宜与对称符号对齐,详见图 1-52。

(5)两个构配件,如个别尺寸数字不同,可在同一图样中将其中一个构配件的不同尺寸数字注写在括号内,该构配件的名称也应注写在相应的括号内,详见图 1-53。

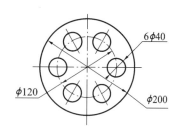

图 1-51 相同要素尺寸标注方法

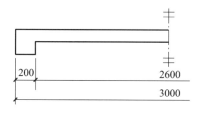

图 1-52 对称构件尺寸标注方法

图 1-53 相似构件尺寸标注方法

(6)数个构配件,如仅某些尺寸不同,这些有变化的尺寸数字,可用拉丁字母注写在同一图样中,另列表格写明其具体尺寸(图 1-54)。

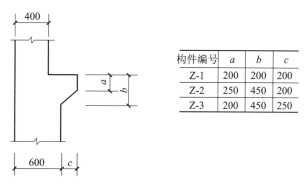

构件编号	a	b	c
Z-1	200	200	200
Z-2	250	450	200
Z-3	200	450	250

图 1-54 相似构件尺寸表格式表示方法

1.8.8 标高

(1)标高符号应以直角等腰三角形表示,并应按图 1-55(a)所示形式用细实线绘制,当标注位置不够,也可按图 1-55(b)所示形式绘制。标高符号的具体画法应符合图 1-55(c)、(d)的规定。

(2)总平面图室外地坪标高符号,宜用涂黑的三角形表示,具体画法应符合图 1-56 的规定。

(3)标高符号的尖端应指至被注高度的位置。尖端宜向下,也可向上。标高数字应注写在标高符号的上侧或下侧,详见图 1-57。

(4)标高数字应以米为单位,注写到小数点以后第三位,在点平面图中,可注写到小数点以后第二位。

(5)零点标高应注写成±0.000,正数标高不注"+",负数标高应注"—",例如 3.000、—0.600。

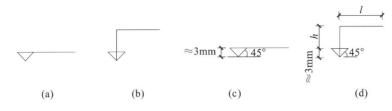

图 1-55 标高符号

l 取适当长度注写标高数字;h 根据需要取适当高度

(6)在图样的同一位置需表示几个不同标高时,标高数字可按图 1-58 的形式注写。

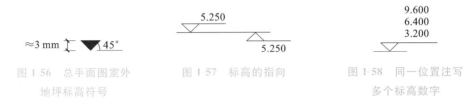

图 1-56 总平面图室外   图 1-57 标高的指向   图 1-58 同一位置注写
地坪标高符号   多个标高数字

1.9 建筑结构制图——混凝土结构

1.9.1 建筑结构制图基本规定

(1)建筑结构专业制图应选用表 1-11 所示的图线。在同一张图纸中,相同比例的各图样,应选用相同的线宽组。

表 1-11 建筑结构制图图线

名	称	线 型	线 宽	一 般 用 途
实线	粗		b	螺栓、主钢筋线、结构平面图中的单线结构构件线、钢木支撑及系杆线,图名下横线、剖切线
	中粗		$0.7b$	结构平面图及详图中剖切到或可见的墙身轮廓线、基础轮廓线,钢、木结构轮廓线,钢筋线
	中		$0.5b$	结构平面图及详图中剖到或可见的墙身轮廓线、基础轮廓线,钢、木结构轮廓线,箍筋线,板钢筋线
	细		$0.25b$	可见的钢筋混凝土构件的轮廓线、尺寸线、标注引出线,标高符号,索引符号
虚线	粗		b	不可见的钢筋、螺栓线,结构平面图中的不可见的单线结构构件线及钢、木支撑线
	中粗		$0.7b$	结构平面图中的不可见构件、墙身轮廓线及钢、木结构构件线,不可见的钢筋线
	中		$0.5b$	结构平面图中的不可见构件、墙身轮廓线及钢、木结构构件线,不可见的钢筋线
	细		$0.25b$	基础平面图中的管沟轮廓线、不可见的钢筋混凝土构件轮廓线

名　称		线　型	线　宽	一　般　用　途
单点长画线	粗		b	柱间支撑、垂直支撑、设备基础轴线图中的中心线
	细		$0.25b$	定位轴线、对称线、中心线、重心线
双点长画线	粗		b	预应力钢筋线
	细		$0.25b$	原有结构轮廓线
折断线			$0.25b$	断开界线
波浪线			$0.25b$	断开界线

（2）绘图时根据图样的用途，被绘物体的复杂程度，应选用表 1-12 中的常用比例，特殊情况下也可选用可用比例。

表 1-12　建筑结构制图常用比例

图名	常用比例	可用比例
结构平面图、基础平面图	1∶50、1∶100、1∶150	1∶60、1∶200
圈梁平面图、总图中管沟、地下设施等	1∶200、1∶500	1∶300
详图	1∶10、1∶20、1∶50	1∶5、1∶30、1∶25

（3）当构件的纵、横向断面尺寸悬殊时，可在同一详图中的纵、横向选用不同的比例绘制。轴线尺寸与构件尺寸也可选用不同的比例绘制。构件的名称可用代号来表示，代号后应用阿拉伯数字标注该构件的型号或编号，也可为构件的顺序号。构件的顺序号采用不带角标的阿拉伯数字连续编排。

（4）结构平面图应按规定采用正投影法绘制，特殊情况下也可采用仰视投影绘制。

（5）在结构平面图中，构件应采用轮廓线表示，当能用单线表示清楚时，也可用单线表示。定位轴线应与建筑平面图或总平面图一致，并标注结构标高。在结构平面图中，当若干部分相同时，可只绘制一部分，并用大写的拉丁字母（A、B、C、…）外加细实线圆圈表示相同部分的分类符号。分类符号圆圈直径为 8mm 或 10mm。其他相同部分仅标注分类符号。在结构平面图中索引的剖视详图、断面详图应采用索引符号表示，其编号顺序宜按图 1-59 的规定进行编排，并符合下列规定：

①外墙按顺时针方向从左下角开始编号；

②内横墙从左至右，从上至下编号；

③内纵墙从上至下，从左至右编号。

（6）构件详图的纵向较长，重复较多时，可用折断线断开，适当省略重复部分。图样的图名和标题栏内的图名应能准确表达图样、图纸构成的内容，做到简练、明确。图纸上所有的文字、数字和符号等，应字体端正、排列整齐、清楚正确、避免重叠。图样及说明中的汉字宜采用长仿宋体，图样下的文字高度不宜小于 5mm，说明中的文字高度不宜小于 3mm。拉丁字母、阿拉伯数字、罗马数字的高度，不应小于 2.5mm。

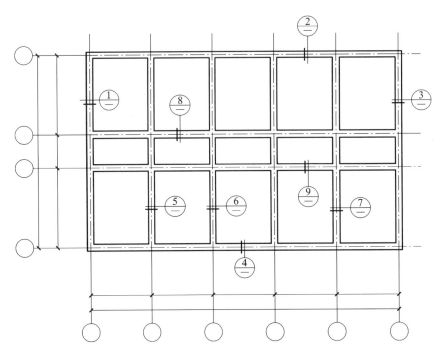

图 1-59 结构平面图中索引剖视图、断面详图编号顺序表示方法

1.9.2 钢筋的一般表示方法

(1)普通钢筋、钢筋网片的一般表示方法应符合表 1-13 和表 1-14 的规定;钢筋的画法应符合表 1-15 的规定。

表 1-13 普通钢筋

序号	名　称	图　例	说　明
1	钢筋横断面	●	—
2	无弯钩的钢筋端部		下图表示长、短钢筋投影重叠时,短钢筋的端部用 45° 斜画线表示
3	带半圆形弯钩的钢筋端部		—
4	带直钩的钢筋端部		—
5	带丝扣的钢筋端部		—
6	无弯钩的钢筋搭接		—
7	带半圆弯钩的钢筋搭接		—
8	带直钩的钢筋搭接		—

序号	名　称	图　例	说　明
9	花篮螺丝钢筋接头	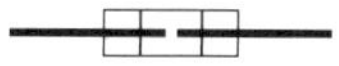	—
10	机械连接的钢筋接头	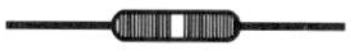	用文字说明机械连接的方式（或冷挤压或直螺纹等）

表 1-14　钢筋网片

序号	名称	图例
1	一片钢筋网平面图	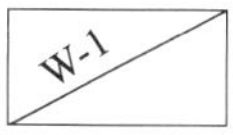 W-1
2	一行相同的钢筋网平面图	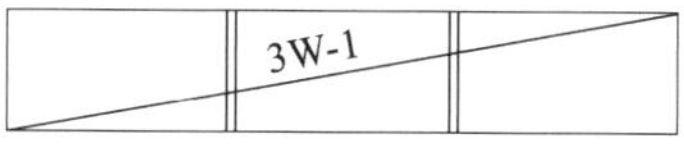 3W-1

表 1-15　钢筋画法

序号	说　明	图　例
1	在结构楼板中配置双层钢筋时,底层钢筋的弯钩应向上或向左,顶层钢筋的弯钩则向下或向右	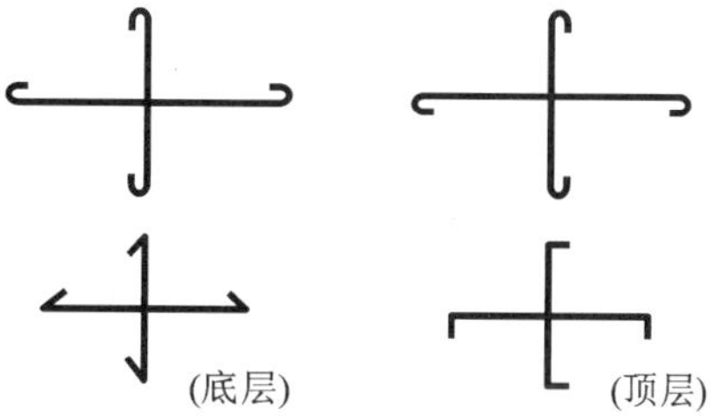 （底层）　　（顶层）
2	钢筋混凝土墙体配双层钢筋时,在配筋立面图中,远面钢筋的弯钩应向上或向左,近面钢筋的弯钩应向下或向右（JM 近面,YM 远面）	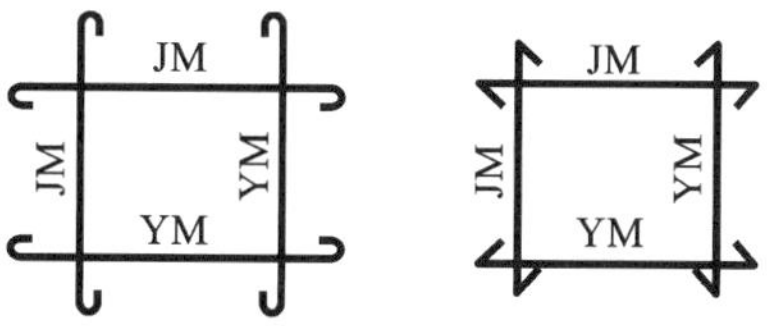 JM　YM
3	若在断面图中不能表达清楚的钢筋布置,应在断面图外增加钢筋大样图（如:钢筋混凝土墙、楼梯等）	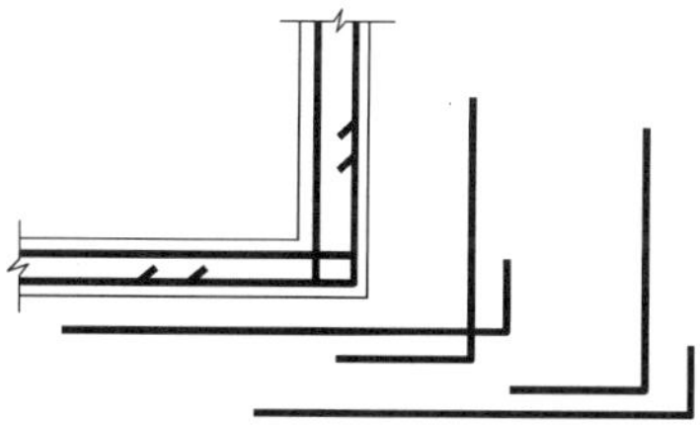

续表 1 15

序号	说　　明	图　　例
4	图中所表示的箍筋、环筋等布置复杂时，可加画钢筋大样及说明	
5	每组相同的钢筋、箍筋或环筋，可用一根粗实线表示，同时用一两端带斜短画线的横穿单线，表示其钢筋及起止范围	

（2）钢筋、钢丝束及钢筋网片应按下列规定进行标注：

①钢筋、钢丝束的说明应给出钢筋的代号、直径、数量、间距、编号及所在位置，其说明应沿钢筋的长度标注或标注在相关钢筋的引出线上。

②钢筋网片的编号应标注在对角线上。网片的数量应与网片的编号标注在一起。

③钢筋、杆件等的编号宜采用直径 5～6mm 的细实线圆表示，其编号应采用阿拉伯数字按顺序编写。

简单的构件、钢筋种类较少可不编号。

（3）钢筋在平面、立面、剖（断）面图中的表示方法应符合下列规定：

①钢筋在平面图中的配置应按图 1-60 所示的方法表示。

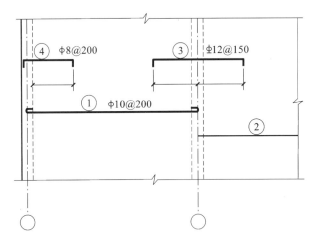

图 1-60　钢筋在楼板配筋中的表示方法

当钢筋标注的位置不够时，可采用引出线标注。引出线标注钢筋的斜短画线应为中实线或细实线。

②当构件布置较简单时，结构平面布置图可与板配筋平面图合并绘制。

③平面图中的钢筋配置较复杂时，可按图 1-61 的方法绘制。

④钢筋在梁纵、横断面图中的配置，应按图 1-62 所示的方法表示。

（4）构件配筋图中箍筋的长度尺寸，应指箍筋的里皮尺寸。弯起钢筋的高度尺寸应指钢筋的外皮尺寸，详见图 1-63。

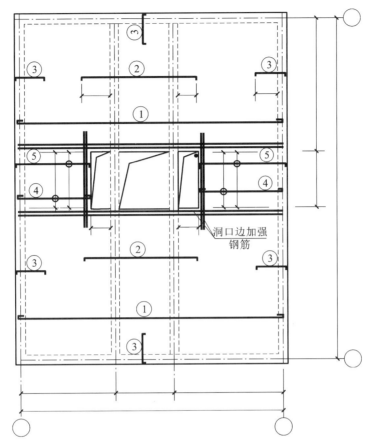

图 1-61　楼板配筋较为复杂的表示方法

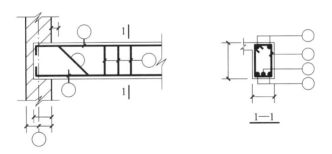

图 1-62　梁纵、横断面图中钢筋表示方法

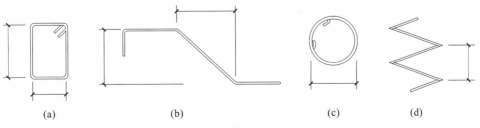

(a)　　　　　　　(b)　　　　　　　(c)　　　　　　(d)

图 1-63　钢箍尺寸标注法

(a)箍筋尺寸标注图;(b)弯起钢筋尺寸标注图;(c)环形钢筋尺寸标注图;(d)螺旋钢筋尺寸标注图

1.9.3 钢筋的简化表示方法

(1)当构件对称时,采用详图绘制构件中的钢筋网片可按图 1-64 的方法用一半或 1/4 表示。钢筋混凝土构件配筋较简单时,宜按下列规定绘制配筋平面图:

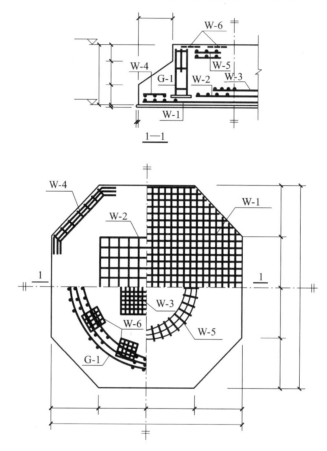

图 1-64　构件中钢筋简化表示方法

①独立基础宜按图 1-65(a)的规定在平面模板图左下角绘出波浪线,绘出钢筋并标注钢筋的直径、间距等。

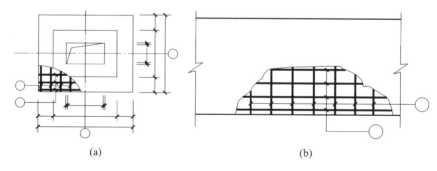

图 1-65　构件中钢筋简化表示方法
(a)独立基础;(b)其他构件

②其他构件宜按图 1-65(b)的规定在某一部位绘出波浪线,绘出钢筋并标注钢筋的直径、间距等。

③对称的混凝土构件,宜按图 1-66 的规定在同一图样中一半表示模板,另一半表示配筋。

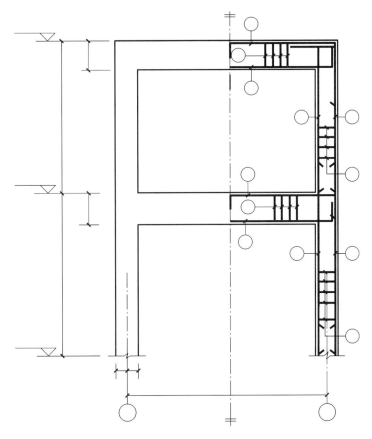

图 1-66　构件中钢筋简化表示方法

(2)较长的构件,当沿长度方向的形状相同或按一定规律变化,可断开省略绘制,断开处应以折断线表示,详见图 1-67。

(3)一个构配件如与另一构配件仅部分不相同,该构配件可只画不同部分,但应在两个构配件的相同部分与不同部分的分界线处,分别绘制连接符号,详见图 1-68。

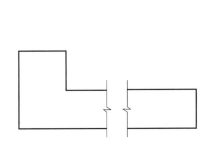

图 1-67　构件折断简化表示方法

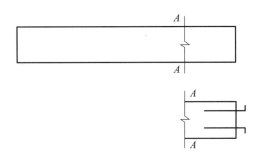

图 1-68　构件局部不同的简化画法

重点难点汇总

（1）本次任务所包含的内容均参照相关国家制图标准编写，而国家标准在编制过程中，编制组经广泛调查研究，认真总结实践经验，参考有关国际标准和国外先进标准，并在广泛征求意见的基础上，最后经审查定稿，其权威性和适用性可想而知。因此，熟练使用国家规范、标准及图集是每个工程人员必备的能力。

（2）制图标准是我们进行后续绘图工作的主要依据，特别是在图线、字体、比例、符号、尺寸标注等方面。不仅要注重标准中的"知"，更要注重绘图中的"行"，真正做到知行合一。

习　　题

1. 下列说法不正确的是（　　）。

A. 首层平面图应绘制指北针
B. 剖切符号应绘制在首层平面图

C. 剖面图中应标注的标高为绝对标高
D. 建筑总平面图中应标注房屋的层数

2. 以下各图中，表示多孔材料的图例是（　　）。

A. ⬡⬡⬡　　　　　B. ▨▨▨　　　　　C. ▨　　　　　D. ▢

3. 剖面图与断面图的区别是（　　）。

A. 剖面图应绘出材料图例，断面图不需要

B. 剖面图应绘出沿投射方向看到的部分，断面图不需要

C. 剖面图应用粗实线绘出剖切到部分的轮廓线，断面图不需要

D. 剖面图需要编号，断面图不需要

4. 当建筑立面比较简单，而且对称时，立面图的绘制方法可以是（　　）。

A. 必须要绘出完整立面

B. 不必绘出完整立面

C. 只绘出一半立面

D. 只绘出一半立面，并在对称线处画出对称符号

5. 关于墙身详图的说法不正确的有（　　）。

A. 要表示出墙体的细部构造

B. 图面要标识出材料的图例与符号

C. 当墙身详图为所有外墙通用时，可不必标出轴线编号

D. 应绘出每一层的墙身详图

6. 建筑立面图中的室外地坪线是（　　）。

A. 室外设计地面
B. 室外自然地面

C. 室内一层地面
D. 地下室一层地面

7. ⊏◇⊐ 表示的是（　　）。

A. 单面开启单扇门
B. 单面开启双扇门

C.双面开启单扇门　　　　　　　　　D.双层单扇平开门

8.在建筑剖面图中,标高所表示的高程是(　　　)。

A.结构层表面的高程,为绝对高程

B.结构层表面的高程,为相对高程

C.建筑完成面的高程,为绝对高程

D.建筑完成面的高程,为相对高程

9.楼梯剖面图在首层处 45°斜线所表示的是(　　　)。

A.一层向上楼梯与一层向下楼梯之间的分隔墙

B.砖砌体的图例

C.混凝土剪力墙的图例

D.轻质隔墙的图例

10.建筑平面图中 　　　　　 表示的是(　　　)。

A.百叶窗　　　　　B.高窗　　　　　C.上悬窗　　　　　D.平开窗

11.比例1∶500 通常是(　　　)绘图常用比例。

A.详图　　　　　B.平面图　　　　　C.立、剖面图　　　　　D.总平面图

12.描述建筑剖面图,下列说法正确的是(　　　)。

A.是房屋的水平投影　　　　　　　　B.是房屋的水平剖面图

C.是房屋的垂直剖面图　　　　　　　D.是房屋的垂直投影图

13.建筑平面图的外部尺寸俗称外三道,其中最里面一道尺寸标注的是(　　　)。

A.房屋的开间、进深　　　　　　　　B.房屋内墙的厚度和内部门窗洞口尺寸

C.房屋水平方向的总长、总宽　　　　D.房屋外墙的墙段及门窗洞口尺寸

14.详图符号的圆直径为(　　　),以粗实线绘制。

A.8mm　　　　　B.10mm　　　　　C.12mm　　　　　D.14mm

15.按照制图标准的规定,粗实线、中实线、细实线的线宽比例是(　　　)。

A.1∶0.7∶0.35　　B.1∶0.6∶0.3　　C.1∶0.5∶0.25　　D.1∶0.4∶0.2

任务 2　CAD 绘图基础知识

知识目标	能力目标	相关内容及命令
掌握 CAD 界面的主要组成	熟悉各 CAD 绘图界面相关内容,能进行界面间的切换	草图和注释界面、经典界面
掌握 CAD 绘图环境的基本设置	能熟练进行绘图环境的设置	Ctrl + N; Ctrl + S; ZOOM; Z; OPTIONS;OP
掌握 CAD 的基本操作	能熟练进行启动、选择、查看等基本操作	LAYER; LA; STYLE; ST; DIMSTYLE; D; DSETTINGS; DS

本任务主要介绍常用 CAD 软件的操作界面、绘图环境设置及基本操作,是进行后续精准快速制图的基础和依据。常用的 CAD 软件有 AutoCAD 和中望 CAD,两者在操作方面有较多相同之处,相同的操作采用 AutoCAD 讲解,不同的操作单独讲解。根据软件高版本兼容低版本的特性,本书选用高版本 CAD 进行讲解。

思政元素:科技的发展推动生产力的进步,建筑行业也不例外。随着自动化、智能化技术的进步,建筑行业正朝着智能建造、智能建筑方向不断创新,CAD 正是其发展不可缺少的一环。

2.1　CAD 概述

CAD 绘图
基本知识

CAD 即计算机辅助设计(Computer Aided Design),指利用计算机及其图形设备帮助设计人员开展设计工作,该技术作为杰出的工程技术成就,已广泛地应用于工程设计的各个领域。应用 CAD 技术起到了提高企业设计效率、优化设计方案、减轻技术人员的劳动强度、缩短设计周期、加强设计标准化等作用。越来越多的人认识到 CAD 是一种巨大的生产力。CAD 技术已经广泛地应用在机械、电子、航天、化工、建筑等行业。并行设计、协同设计、智能设计、虚拟设计、敏捷设计、全生命周期设计等设计方法代表了现代产品设计模式的发展方向。随着人工智能、多媒体、虚拟现实、信息等技术的进一步发展,CAD 技术必然朝着集成化、智能化、协同化的方向发展。

AutoCAD(Autodesk Computer Aided Design)是 Autodesk(欧特克)公司首次于 1982 年开发的自动计算机辅助设计软件,用于二维绘图、详图绘制、设计文档编排和基本三维设计,现已经成为国际上广为流行的绘图工具。AutoCAD 具有良好的用户界面,用户通过交互菜单或命令行方式便可以进行各种操作。它的多文档设计环境,让非计算机专业人员也能很快地学会使用。AutoCAD 具有广泛的适应性,它可以在各种操作系统支持的微型计算机和工作站上运行。

中望软件是中国二、三维 CAD 解决方案主导者,世界主流工业软件与服务供应商,专注 CAD/CAM/CAE 自主技术研发,打造中国自主安全可控的一体化 CAx 解决方案。中望 CAD 技术超过 20 年,为用户提供核心二、三维基础设计、行业专属设计、个性化定制及更多 CAD 拓展应用的整体解决方案。当前,中望公司旗下的中望 CAD 平台软件已更新至中望 CAD 2022 版本,并在此基础上推出了建筑、机械、模具、给排水、暖通、电气、景园等专业模块,致力于为全球用户提供更优质的服务。

国外的 CAD 软件发展较早、相对成熟,国内的 CAD 软件起步相对较晚,但我们有着更广阔的应用市场,国内 CAD 技术的发展势头迅猛,像中望软件、天正软件等。特别是在疫情期间,中望软件免费为很多企业提供技术支持,如武汉火神山、雷神山的图纸设计就采用了中望建筑软件,而中望技术人员也提供了全方位的支持。只有在关键技术上不被卡脖子,我们的底气才更足!

2.2 CAD 基础知识

2.2.1 CAD 界面

AutoCAD 2015 版开始取消了"AutoCAD 经典"界面,只保留了"草图和注释"界面,如果仍想调用经典界面需要通过"自定义用户界面"的方式来实现,也可从已安装的较低版本移植经典模式。AutoCAD 2009~2014 版的界面默认为"草图与注释"界面,也可以设置为"AutoCAD 经典"界面。可在界面最上方的"工作空间"里选择经典界面,或者在右下角的"切换工作空间"按钮处选择"AutoCAD 经典"。AutoCAD 2008 版及之前版本均为经典界面。编者走访多家建筑设计、施工企业后发现,目前企业大多采用 AutoCAD 2008~2020 版,根据软件的高版本兼容低版本的特性,采用高版本绘制的 CAD 图兼容性会更好,而 AutoCAD 2020 版之后的版本对电脑配置要求极高,用户很少,故在本书编写过程中,采用 AutoCAD 2020 版来讲解。

中望 CAD 各版本均默认为"二维草图与注释"界面,且均可以切换为"ZWCAD 经典"界面,中望 CAD 对电脑软硬件配置要求相对较低,同时,中望 CAD 增加了"扩展工具",更符合人们的使用要求。AutoCAD 和中望 CAD 的操作有较多相似之处,相同的操作采用 AutoCAD 讲解,不同的操作会单独讲解,中望 CAD 采用 2022 版。

AutoCAD 2020 版"草图与注释"及"AutoCAD 经典"界面详见图 2-1、图 2-2。

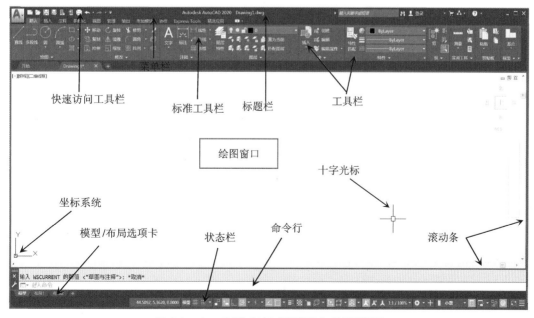

图 2-1 AutoCAD 2020 版"草图与注释"界面

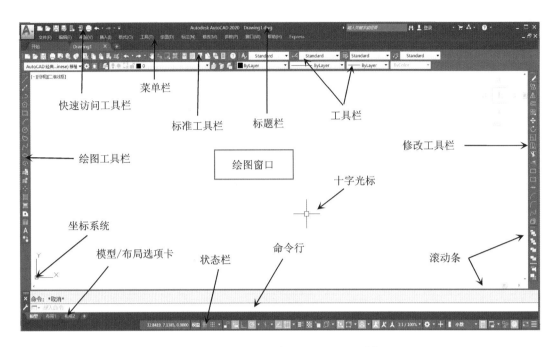

图 2-2　AutoCAD 2020 版"AutoCAD 经典"界面

AutoCAD 2014 版"草图与注释"及"AutoCAD 经典"界面详见图 2-3、图 2-4，两种界面的切换方法详见图 2-5、图 2-6。

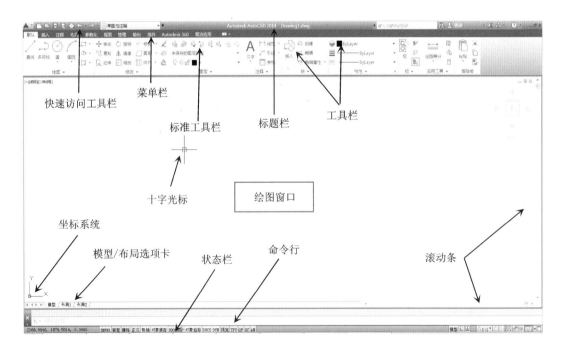

图 2-3　AutoCAD 2014 版"草图与注释"界面

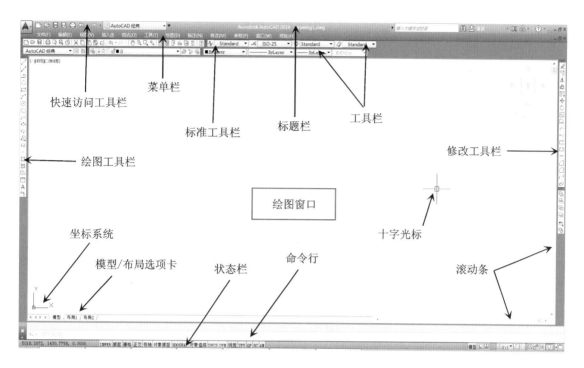

图 2-4 AutoCAD 2014 版"AutoCAD 经典"界面

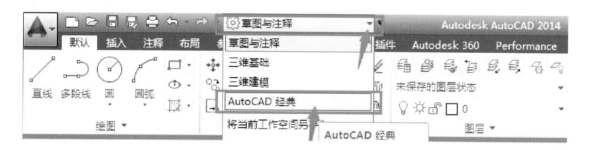

图 2-5 AutoCAD 2014 版"草图与注释"界面切换至"AutoCAD 经典"界面方法一

图 2-6 AutoCAD 2014 版"草图与注释"界面切换至"AutoCAD 经典"界面方法二

AutoCAD 2008 版"AutoCAD 经典"界面详见图 2-7。

中望 CAD 2022 版"二维草图与注释"及"ZWCAD 经典"界面详见图 2-8、图 2-9,其界面切换方式同 AutoCAD。

中望 CAD 2017 版"ZWCAD 经典"界面详见图 2-10。

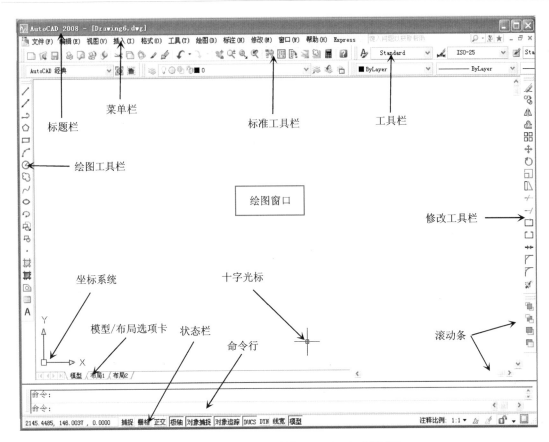

图 2-7 AutoCAD 2008 版"AutoCAD 经典"界面

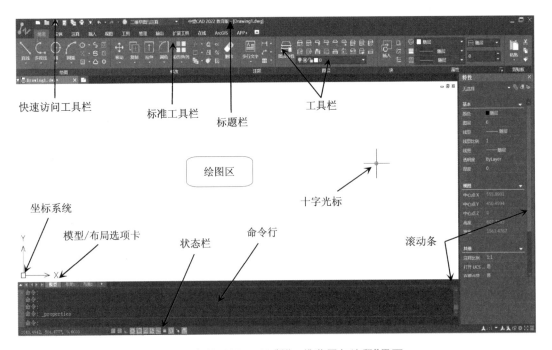

图 2-8 中望 CAD 2022 版"二维草图与注释"界面

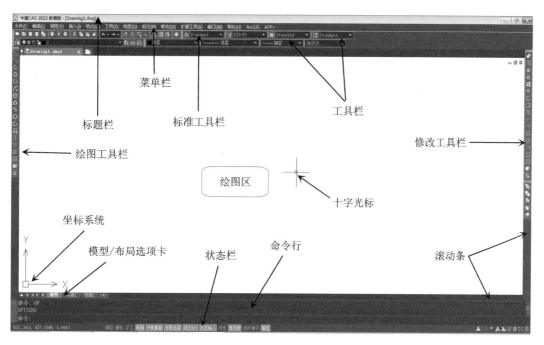

图 2-9 中望 CAD 2022 版"ZWCAD 经典"界面

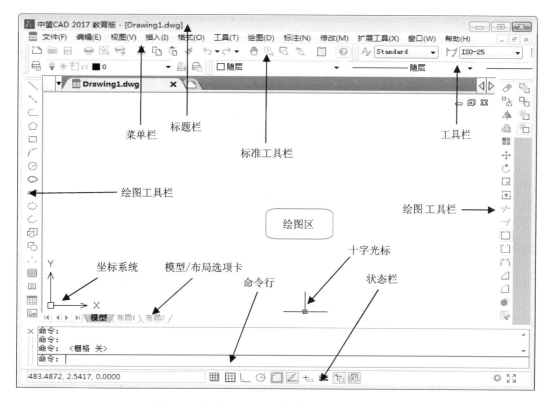

图 2-10 中望 CAD 2017 版"ZWCAD 经典"界面

2.2.2　CAD 文件管理

2.2.2.1　启动 AutoCAD

（1）通过【开始】菜单启动。单击电脑桌面左下角的【开始】按钮，打开【开始】菜单，执行该菜单中的【所有程序】命令，接着选择"Autodesk"→"AutoCAD 2020 简体中文（Simplified Chinese）"→"AutoCAD 2020 简体中文（Simplified Chinese）"命令，即可启动 AutoCAD 2020 应用程序。

（2）双击桌面快捷方式启动。双击桌面上的快捷图标即可启动 AutoCAD 2020，这是比较快捷的启动方式。

（3）双击 AutoCAD 文件启动。双击已建立的 AutoCAD 图形文件（格式为".dwg"、".dwt"、".dxf"），即可启动 AutoCAD 2020。

2.2.2.2　创建新的 AutoCAD 文件

在 AutoCAD 中创建新的图形文件有如下几种方法。

（1）选择菜单栏【文件】→【新建】。

（2）单击"标准"工具栏中的▢（新建）按钮。

（3）在命令行中输入 NEW 命令。

（4）按下 Ctrl＋N 组合键。

（5）单击菜单中【文件】，可以看到最下方或右侧显示有最近打开的文件，可直接选择相应文件打开。

当用户执行新建文件操作后，系统会打开如图 2-11 所示对话框，在该对话框中可选择新图形文件所基于的样板文件。若用户不需要 CAD 自带样本创建新图形文件，可采用无样本方式，单击【打开】按钮右侧的下拉按钮，在弹出的菜单中选择"无样板打开-公制"选项。若采用 CAD 自带样本文件，可在【Template】下拉菜单里选择 CAD 默认样板文件"acad"，双击打开，详见图 2-12。

图 2-11　无样本方式新建 CAD 文件

图 2-12　默认样本方式新建 CAD 文件

注意：学生进入企业后，如果企业有自己的绘图模板，那么可以直接采用企业已有模板，这样既能节省时间，也可以更好地满足企业的绘图要求。

2.2.2.3　保存 AutoCAD 文件

在绘图工作中应注意随时保存图形，以免因死机、停电等意外事故而使图形丢失。在 AutoCAD 中，可通过如下几种方法来保存图形文件。

（1）选择菜单栏【文件】→【保存（S）】/【另存为（A）】。

（2）单击标准工具栏中的 🖫（保存）按钮。

（3）在命令行中执行 SAVE 命令。

（4）按下 Ctrl＋S 组合键，这种方法最快捷，建议使用。

若图形被首次保存或用户执行了另存为操作，系统将打开【图形另存为】对话框，在该对话框中可指定图形要保存的位置【保存于】、【文件名】及【文件类型】，详见图 2-13。如对已保存过的文件备份，可选择【另存为】进行保存，对话框同首次打开时的。另外可以在【选项】里修改自动保存的时间，以免忘记手动保存而丢失文件。即便设置了自动保存，仍需要经常按下 Ctrl＋S 组合键手动保存，防止绘图过程中发生意外。

注意：第一次保存或者另存时要选择文件保存路径，选择保存位置时尽量不要选桌面，否则容易造成桌面上文件混乱，特别是电脑出故障后文件容易丢失。鉴于 CAD 软件高版本兼容低版本这一特点，文件类型尽量选择较低版本，以提高其通用性，绘图过程中要随时手动保存，以防出现故障而丢失文件。

在 AutoCAD 2020 中可将文件保存为多种格式，如 dwg（图形格式）、dwt（样板文件）、dxf（图形交换格式）文件等，我们常用的为 dwg 格式，切勿以 bak（备份格式）文件替代 dwg（图形格式）文件。

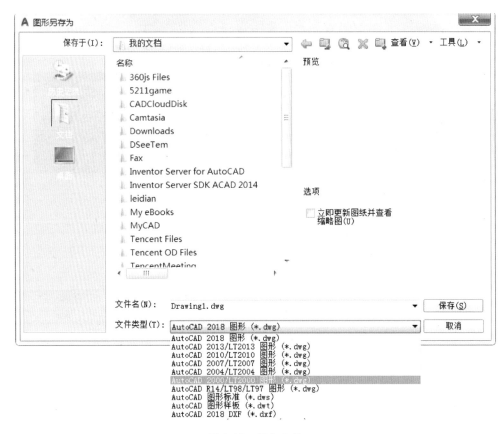

图 2-13 保存文件

2.2.2.4 关闭 AutoCAD 文件

当用户完成绘图后便可关闭图形,在 AutoCAD 中有如下几种关闭文件的方法。

(1)选择菜单栏【文件】→【关闭】。

(2)单击菜单栏最右端的 ✕(关闭)按钮 。

(3)按组合键 Ctrl＋F4。

(4)在命令行中输入 CLOSE 命令。

2.2.3 基本设置

在使用 CAD 绘图前要进行必要的绘图环境设置,只有各项设置合理了,才能为接下来的绘图工作打下良好的基础,才有可能实现绘图的"清晰""准确""高效"。

2.2.3.1 设置图形单位

目前,CAD 绘图多采用 1∶1 绘图,按一定比例出图的绘图方式,也就是绘图时按实际尺寸进行绘制。用户可以选择菜单中【格式】→【单位】进行设置,或输入命令 UN(UNITS),此处一般按默认设置即可,详见图 2-14。

2.2.3.2 调用工具栏

在经典模式下,将鼠标光标放在其中任何一个工具栏按钮上或者空白处,单击鼠标右键,弹出快捷菜单,勾选需要的工具栏名称即可,详见图 2-15。

图 2-14　图形单位设置

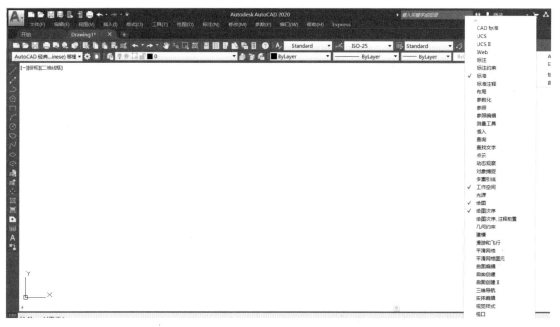

图 2-15　调用工具栏

2.2.3.3　绘图环境基本设置

在命令行输入命令 OP(OPTIONS)，或者通过【工具】→【选项】，或者点击鼠标右键选择【选项】，打开选项对话框，可以看到选项对话框中包含【文件】、【显示】、【打开和保存】、【用户系统配置】等选项。这些选项对话框里的多数设置默认即可，无须改动，个别选项可以根据自己的需求进行更改。

(1)【文件】。可以根据自己的需要来设置其中的分选项，单击对应项前的"十"号，将其后的内容展开显示。如通过"自动保存文件位置"或者"临时图形文件位置"两个选项快速查找未定义路径的文件，或者因电脑故障死机后查找自动保存的临时文件，详见图 2-16。

图 2-16   【文件】设置

（2）【显示】。可通过此选项调整界面的显示内容，详见图 2-17、图 2-18。

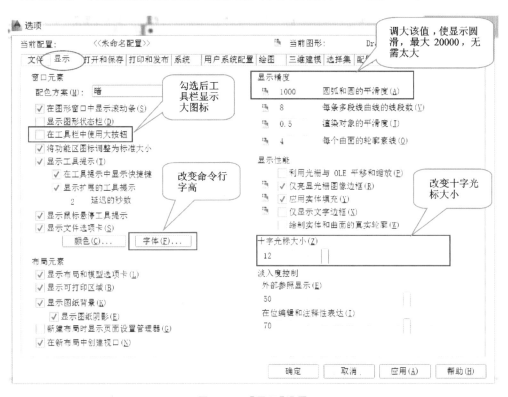

图 2-17   【显示】设置

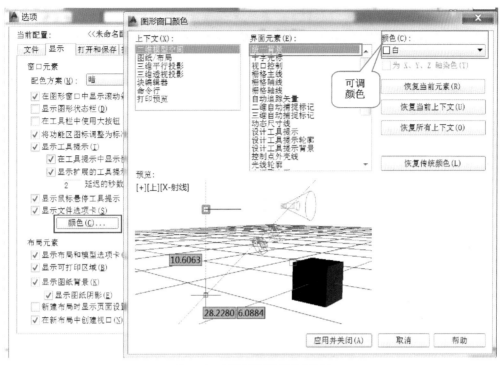

图 2-18　【图形窗口颜色】设置

（3）【打开和保存】。通过该选项设置与保存相关的内容，详见图 2-19。

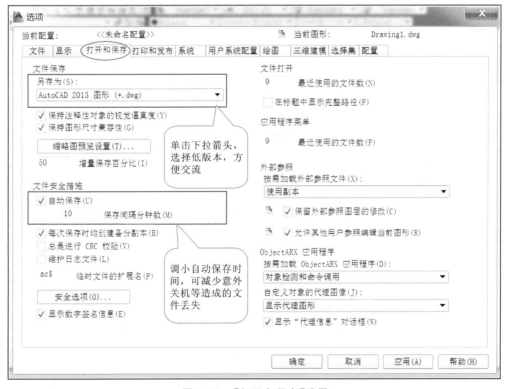

图 2-19　【打开和保存】设置

（4）【用户系统配置】。可进行右键功能及线宽等内容的设置，详见图 2-20。

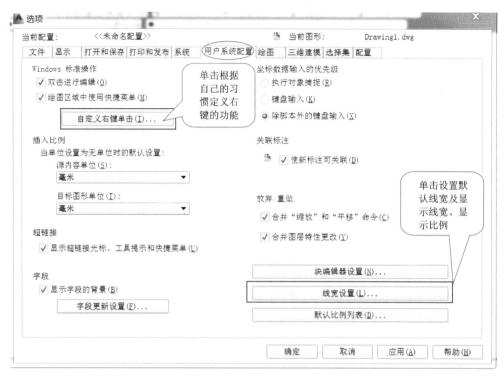

图 2-20 【用户系统配置】设置

（5）【绘图】。可以设置捕捉标记和靶框的大小等内容，详见图 2-21。

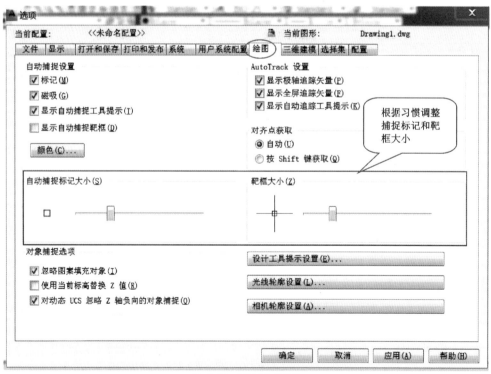

图 2-21 【绘图】设置

（6）【选择集】。通过该选项设置拾取框和夹点大小等内容，详见图 2-22。

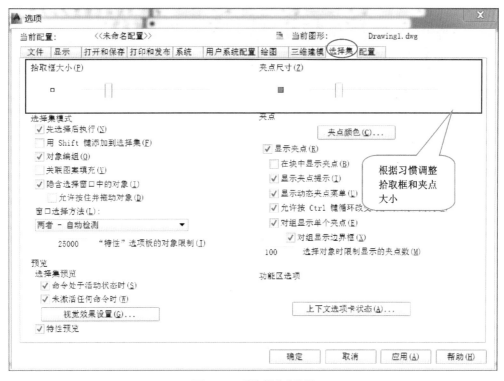

图 2-22 【选择集】设置

（7）【配置】。当 CAD 出现操作故障时，可通过重置恢复为默认设置，详见图 2-23。

图 2-23 【配置】设置

2.2.3.4　图层设置(LAYER)

图层设置是整个 CAD 里最为关键的设置之一,图层设置应该坚持以下原则。

第一,在够用的基础上越少越好。两层含义,一是够用,二是精简。

不管是什么专业、什么阶段的图纸,图纸上所有的图元可以按一定的规律来组织整理。例如,建筑专业的图纸,就平面图而言,可以分为:轴线、柱、墙、门窗、楼梯和台阶、尺寸标注、文字标注、家具等图元。而图层就可以按照上述图元进行设置,相同属性的图元为同一层,在绘图的时候,绘制不同的图元就一定要选择相应的图层。

只要图纸中所有的图元都能适当地归类,那么图层设置的基础就搭建好了。但是,图元分类是不是越细越好呢? 当然不是,例如,建筑平面图中的门和窗定义一层,台阶和楼梯定义一层。

第二,0 层的使用。0 层是 CAD 自带图层,默认颜色、线型及线宽。有些初学者不习惯按照图元新建图层,只在 0 层上画图,导致所绘图形全是白色,且同一线宽,图形毫无区分度可言。一般情况下,不建议使用 0 层绘图,那 0 层是用来做什么的呢? 主要是用来定义块的。定义块时,先将所有要定义为块的图元均设置为 0 层(特殊情况除外),然后再定义块,这样,在插入块时,块的属性就随插入的图层。

第三,图层颜色的设置。图层有很多属性,除了图名外,还有颜色、线型、线宽等。在设置图层时,要定义好相应的颜色、线型、线宽。现在很多学生在定义图层的颜色时,都是根据自己的爱好,喜欢什么颜色就用什么颜色,这样做并不合理。图层的颜色定义要注意两点:一是不同的图层一般来说要用不同的颜色。绘图时,能够在颜色上进行明显的区分。如果两个图层是同一个颜色,就不易判断正在操作的图元是在哪一个图层上。二是颜色的选择应该考虑打印时的线宽,如粗线尽量选用较亮的颜色,墙柱可选 2 号颜色或类似的颜色;反之,细线尽量选择较暗的颜色,填充线可选用 8 号颜色或类似的颜色。

另外,白色是属于 0 层和 DEFPOINTS 层的,其他图层不建议使用白色。

第四,线型和线宽的设置。在图层的线型设置前,先提到 LTSCALE 这个命令。一般来说,LTSCALE 的设置值均应为 1,这样在进行图纸交流时,才不会错乱。常用的线型有三种,一是 Continous 连续线,二是 ACAD_ISO04W100 点画线,三是 ACAD_ISO02W100 虚线。AutoCAD 14 版之前用到的 hidden、dot 等线型,不建议大家使用。

线宽的设置也有讲究。图形是否美观、清晰,其中重要的一条因素就是是否层次分明。一张图里,有 0.13mm 宽的细线,有 0.25mm 宽的中等宽度线,有 0.5mm 宽的粗线,这样就丰富了。打印出来的图纸,能够根据线的粗细来区分不同类型的图元,什么地方是墙,什么地方是门窗,什么地方是标注。因此,在线宽设置时,一定要严格按照制图标准进行。不要出现一张图全是一种线宽,甚至门窗线比墙线还粗的错误。

另外,在绘图时,所有图元的各种属性都尽量随层,尽量不要在"颜色控制"、"线型控制"及"线宽控制"里修改其属性,尽量保持图元的属性与图层的一致,也就是说尽可能地使图元属性都是 Bylayer,这样,有助于图面的清晰、准确和绘图效率的提高。图层特性详见图 2-24。

锁定图层🔒:锁定某个图层时,该图层仍可见,可定位到该层的实体,但其颜色暗显,且该图层上的所有对象均不可修改,直到解锁该图层。锁定图层可以降低对象被意外修改的可能性。图层锁定后,仍然可以执行对象捕捉功能,并且可以执行不会修改对象的其他操作。锁定图层不影响该层的打印。

冻结图层❄:与锁定图层最明显的不同是冻结图层是不可见的,而且在选择时无法选中冻结图层中的所有实体。另外，冻结图层后不能在该层绘制新的图形对象。

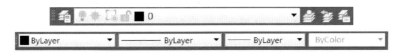

图 2-24　图层特性

关闭图层![icon]：将图层关闭后该图层的对象就不会再显示了，虽然也可以在该图层绘制新的图形对象，但是新绘制的图形对象也不会显示出来。另外，虽然这些图形对象不可见，也无法通过鼠标选择该图层对象，但是可以使用其他方法选中这些对象，例如右键在快速选择中选中该图层对象。

图层打印开关![icon]：当打印开关设置为关时，不论该图层显示与否，该图层实体都不予打印。

2.2.3.5　字体、标注设置

（1）字体（STYLE）。在 CAD 软件中，可以利用的字库有两类：一类是存放在 CAD 目录下的 Fonts 中，字库的后缀名为 shx，这一类是 CAD 的专有字库，英文字母和汉字分属于不同的字库。第二类是 True type 字体，存放在 WINNT 或 WINXP 等（区分不同的操作系统）目录下的 Fonts 中，字库的后缀名为 ttf，这一类是 windows 系统的通用字库。除了 CAD 以外，其他，如 Word、Excel 等软件，也都是采用这个字库。其中，汉字字库都已包含了英文字母。

在 CAD 中定义字体时，两种字库都可以采用，但它们分别有各自的特点，需要区别使用。第一类后缀名为 shx 的字库最大的特点就在于占用系统资源少，在显示的速度上比较快。因此，一般情况下，推荐使用这类字库。

后缀名为 ttf 的字库使用有两种情况：一是图纸文件要与其他公司交流，这样，采用仿宋、宋体、黑体等字库，可以保证其他公司在打开文件时，不会发生任何问题。第二种情况就是在做方案、封面等时，因为这一类的字库文件非常多，各种样式都有，而且比较美观，因此，在需要较美观效果的字样时一般采用这一类字库。在定义字体时，还应注意：

①在够用情况下，字体越少越好，这适用于 CAD 中所有的设置。往往设置越多会造成 CAD 文件越大，在运行软件时，会给运算速度带来影响。更为关键的是，设置越多越容易在图元的归类上发生错误。

②使用 CAD 时，除了默认的 Standard 字体外，一般定义两种字体：一种是常规定义，字体宽度因子为 0.7，一般所有的汉字、英文字都采用这种字体。第二种是 True type 字体，以及大标题、图册封面等的汉字，其字体宽高比为 1.0。

另外，在大多数施工图中，有很多细小的尺寸挤在一起，若采用较窄的字体，标注就会减少很多相互重叠的情况，此时可将其字体宽高比修改为较小的数值。

（2）标注（DIMSTYLE）：标注设置里面的选项比较多，应严格按照制图标准进行设置。一般情况下定义好一种设置，然后在此基础上只需修改【调整】选项卡"标注特征比例"下的"使用全局比例"数值就可以了，该数值与出图比例一致。其余的设置要求见任务一。对于特殊情况，可单独修改其属性。

2.2.3.6　状态栏设置

状态栏的功能按钮较多，主要用于绘图的精确定位和追踪等，故状态栏的设置至关重要。鼠标左键单击相应按钮，当该按钮凹进去或变为浅蓝色表示该项打开。单击菜单栏【工具】选项，选择【绘图设置】，或者在命令行输入命令 DS（DSETTINGS）或 OS（OSNAP），或者在状态栏单击鼠标右键后选择【设置】，均可弹出【草图设置】对话框。AutoCAD 2015～2022 版的状态栏只有符号显示，AutoCAD 2015 版之前的及各版本的中望 CAD 可将状态栏符号汉化显示，在状态栏单击鼠标右键，将"使用图标"前的对钩去掉，修改为文字显示的方式，详见图2-25、图 2-26。中望 CAD 2022 版状态栏稍有不同，详见图 2-27。

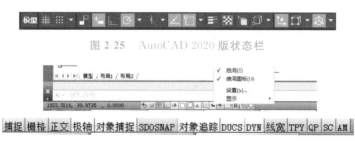

图 2-25   AutoCAD 2020 版状态栏

图 2-26   AutoCAD 2014 版状态栏

图 2-27   中望 CAD 2022 版状态栏

一般情况下【捕捉】、【栅格】两个按钮无须打开，如果不小心把捕捉打开了，可能会导致对象捕捉的时候，捕捉不到合适的点，甚至导致绘图时变得很"卡顿"，此时其实是在捕捉栅格节点。

（1）【正交】、【极轴】只能选其一。当绘制正交（水平或竖直）图线时可以打开【正交】按钮，一旦打开了此按钮，只能绘制正交的图线，需绘制任意角度的图线时可以关闭此按钮。也可通过功能键【F8】开关此选项。相比之下【极轴】选项就要灵活些，可以设置合适的【增量角】来满足绘图需要。如图 2-28 所示，当增量角设置为 90°时，在绘制直线时，只要是 90°的整数倍，均会出现一条沿直线方向的绿色延长虚线，这给绘图带来极大的方便，同时可以替代"正交"的功能。

图 2-28   极轴追踪设置

在【附加角】前的方框打钩号,然后单击选择【新建】选项,输入要增加的附加角度,如45°、120°等,最后单击【确定】就完成附加角设置。附加角是为了弥补角度不是增量角倍数而设置的,可以设置多个,但是只有当角度数是附加角值的时候才会出现极轴追踪线。可通过功能键【F10】开关极轴选项。

(2)【对象捕捉】是进行精准绘图的必备利器,具体设置时可选取对话框右侧的【全部选择】,然后去掉"平行线""插入点"等不常用的选项,当然也可以根据自己的绘图需要逐个选择。可通过功能键【F3】开关此选项,详见图2-29。

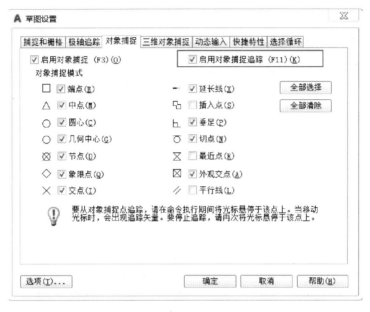

图 2-29　对象捕捉设置

(3)【对象追踪】更准确地说是对象捕捉追踪,是对象捕捉和极轴追踪的结合,也就是在捕捉对象特征点处进行极轴追踪。利用对象追踪可以在捕捉的同时输入偏移值,并且可以通过对两个捕捉点进行追踪,获取沿极轴方向的交点等。正因为对象捕捉追踪是极轴追踪和对象捕捉的结合,因此设置选项分别在极轴追踪和对象捕捉的设置选项卡中,可通过功能键【F11】开关此选项。

(4)【动态输入】。CAD的动态输入是除了命令行外又一种友好的人机交互方式。启用动态输入功能,可以直接在光标附近显示信息、输入值,比如画一个圆时,会显示圆的半径大小等,数值会随着鼠标的移动而变化。可通过功能键【F12】开关此选项。【动态输入】有三个组件:指针输入】【标注输入】和【动态提示】。鼠标右键单击【动态输入】选项,然后选择"设置",以控制启用"动态输入"时每个组件所显示的内容。使用【启用指针输入】设置可修改坐标的默认格式,以及控制指针输入工具栏提示何时显示。【指针输入设置】中坐标格式默认为"相对坐标",因此打开【动态输入】后输入的坐标即为相对坐标,详见图2-30。

(5)【线宽】。开启此选项,可以显示图形线宽,特别在绘图过程中,应经常打开此项来检查所绘制图形的线宽,输入命令 LW(LWEIGHT),可调整线宽显示比例,详见图2-31。

(6)【QP 快捷特性】。如打开此项,则在选择图形时自动弹出简化的对象特性对话框,一般情况下可以根据自己的习惯选择开或者关,详见图2-32。

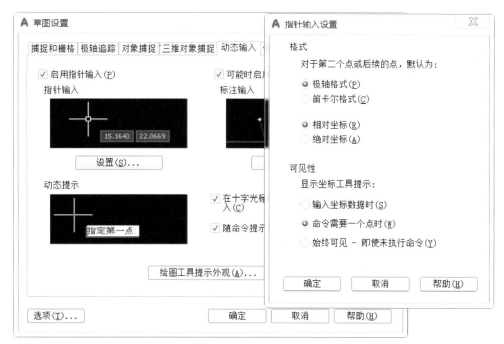

图 2-30 动态输入设置

图 2-31 线宽设置

图 2-32 快捷特性设置

（7）【SC 选择循环】。打开此选项允许选择重叠的对象，当一个对象与其他对象彼此接近或重叠时，准确地选择某一个对象是很困难的，打开此项可快速实现对象选择，详见图 2-33。

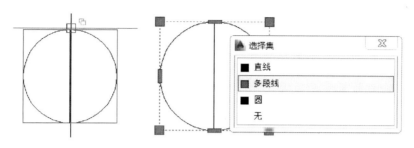

图 2-33 选择循环设置

（8）【AM 注释监视器】主要用来检查标注是否关联。打开此项，会发现除了完全关联的标注，其他的标注文字后面都会出现一个感叹号的标志，这个标志就代表标注是"不关联"或者是"部分关联"的。

2.2.4 查看图形

绘图过程中经常会用到视图的缩放、平移等控制图形显示的操作，以便更方便、准确地绘图。现介绍几种常用的看图方法。

2.2.4.1 平移

鼠标左键单击标准菜单栏中的【实时平移】图标，或者在命令行输入 P(PAN)，回车后鼠标变成"手"形时，按住鼠标左键就可以任意平移视图，更简单的方法是按住鼠标中键（滚轮）不放，即可实现任意平移视图的功能。

2.2.4.2 缩放

（1）鼠标缩放

可以通过鼠标上的中键（滚轮）控制视图的缩放，将滚轮向前滚动为放大，将滚轮向后滚动为缩小。

（2）标准工具栏中的缩放

鼠标左键点击标准工具栏中实时缩放按钮，或者菜单栏【视图(V)】➤【缩放(Z)】➤【实时(R)窗口缩放】进行缩放，按住鼠标左键向上拖动为放大，向下拖动为缩小。

（3）命令缩放显示

命令：Z(ZOOM)。

指定窗口的角点，输入比例因子（nX 或 nXP），或者［全部(A)/中心(C)/动态(D)/范围(E)/上一个(P)/比例(S)/窗口(W)/对象(O)］＜实时＞：

其中(A)表示在当前视口中缩放显示整个图形。当在绘图区不能显示图形，或者图形只能显示局部，且通过中键滚动无效时，可使用此命令将图形调到显示区，也可采用连续双击中键来实现。

2.2.5 选取图形

选取图形有两种类型：一种是用鼠标左键直接选择图形，图形被选中后变虚或变成浅蓝色,且能看到很多蓝色的方形或三角形的夹点。另外一种是输入命令 SELECT 后,鼠标变为一个小方框,提示"选择对象",然后选择图形,这时被选中的图形变虚,但不显示蓝色的夹点。具体选取时有以下几种方式,注意各种选择方式的区别。

2.2.5.1　直接单击选取

这是最简单也是最常用的选择方式,操作非常简单,在对象上直接单击鼠标左键即可选中,每单击一次选中一个对象。输入命令 SELECT 后,提示"选择对象"时,鼠标变为一个小方框,直接用鼠标光标单击对象,每单击一次选中一个对象。

2.2.5.2　选择全部对象

当需要全选图形时,可以按 Ctrl+A 组合键,或者输入命令 SELECT 后,提示"选择对象"时,输入"ALL",则绘制的全部图形都被选中,包括关闭图层里的对象也被选中。

2.2.5.3　窗选

窗口选择方式可以选择所有位于矩形窗口内的对象,用鼠标光标自左上向右下或自右下向左上的方式指定矩形窗口。

当鼠标光标自左上向右下选择对象时,窗口边界线为实线,此时所需要选择的对象必须全部包含在窗口内,对象才能被选中,详见图 2-34。

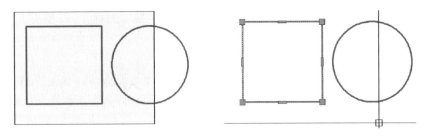

图 2-34　自左上向右下窗选(圆未被选中)

当鼠标光标自右下向左上选择对象时,窗口边界线为虚线,此时凡被窗口包含在内以及被窗口边界线接触到的对象均会被选中,详见图 2-35。

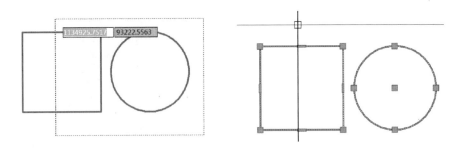

图 2-35　自右下向左上窗选(矩形和圆都被选中)

2.2.5.4　多边形选

采用窗选方式,提示"选择对象"时,在命令行输入"CP",则鼠标在需要选择的对象外部点多边形,此时多边形边界线为虚线,凡被多边形包含在内以及多边形边界线接触到的对象均会被选中。

2.2.5.5　栏选

采用窗选方式,提示"选择对象"时,在命令行输入"F",则鼠标在需要选择的对象上绘制一条多段的折线,此时多段折线边界线为虚线,所有与多段折线相交的对象将全部被选中。

2.2.5.6　选择最近

采用窗选方式,提示"选择对象"时,输入"LAST",则最近一次绘制的对象会被选中。

2.2.5.7　取消选择

如果要放弃所有选择,可以按【Esc】键,当选择对象过程中误选了某些对象,按住【Shift】键,即可进行反选(取消多选的图形),当在执行命令时多选了某些对象,可以在"选择对象"命令行输入"R",然后用鼠标选择误选的对象,就可以将选择的对象从选择集中删去。如果还需要向选择集里添加对象则在命令行输入"A"即可。

2.2.6　执 行 命 令 方 式

AutoCAD 执行命令常用以下四种方式。

(1)通过菜单访问

这种方式相对较慢,除特殊情况外不建议使用,经典界面的访问方式详见图2-36。

图 2-36　通过菜单访问

(2)通过单击工具栏按钮访问

单击工具栏按钮图标进行访问,对于初学者或者一些不容易记忆的命令可以采用此种方法,详见图2-37。

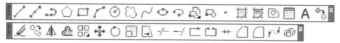

图 2-37　通过单击工具栏按钮访问

(3)通过命令行访问

通过在命令行或在动态输入的指针位置输入命令进行访问,详见图2-38。这种方式是最常用也是最快捷的方法之一,建议从开始学习 CAD 就采用此种方法,以养成良好的绘图习惯。

图 2-38　通过命令行访问

（4）通过快捷键或组合键访问

一些快捷键或者组合键也是非常快捷的访问方式，适时使用这些快捷键或组合键会起到事半功倍的效果。

注意，在执行命令时，一定要看命令行的提示，如果对命令有疑问，可通过【F1】帮助键来搜索命令的具体使用方法。

知识拓展

常 用 命 令

CAD 常用快捷命令及注解详见表 2-1。

表 2-1　CAD 常用命令及注解

工具名称	快捷键	功能说明
		绘图工具
直线	L	画图用得最多的工具，用法也很简单，直线命令使用频率最高但键位操作却很不方便
构造线	XL	无限延伸的直线，在标注等绘图时起辅助作用，虽然可以打印出来，但是不作为作图主体使用
多段线	PL	用处很大，填充时用此工具先创建边界可以节省机器分析填充区域的时间。用它计算面积和周长也很好用。还可以用它画箭头和粗线
正多边形	POL	画图时很少用到它。属性是闭合的，可以设置全局宽度，用特性工具可以查询到创建的多边形面积和周长
矩形	REC	常用工具，属性是闭合的，可以设置全局宽度，用特性工具可以查询到创建的矩形面积和周长
圆弧	AR	圆弧有很多种画法，默认是菜单里的第一种"三点"画圆法
圆	C	常用工具，属性是闭合的，可以设置全局宽度，用特性工具可以查询到创建的圆形面积和周长
样条曲线	SPL	用来创立形状不规则的曲线
椭圆	EL	用来创建椭圆
椭圆弧	EL—A	用来创建椭圆弧
插入块	I	插入块时，在对话框的浏览栏中显示了本文件内的块，如果有很多用不到的块，可以执行 PU 清除命令清除它，之后就不会显示了
创建块	B 或 W	B 用于在本文件内创建图块，W 用于创建外部块文件。AutoCAD 2006 创建之后的块双击可直接进行编辑，块编辑器的操作空间和模型空间一样，但默认是淡黄色的背景颜色，可以通过选项来修改成习惯的颜色
点	PO	用于填充、等分线等，如果执行命令后点看不见，可以执行格式菜单下的点样式，加大点大小百分比

工具名称	快捷键	功能说明
图案填充	H	图案填充命令给出了建筑方面的大多数图例图案,但实际上,随着对制图美观度需求的提高,需要更多的图例,可以下载其他图例补充。对于一些复杂区域的填充,最好先用 PL 或者 BO 命令创建边界再选取边界进行填充,可以节省机器分析填充区域边界的时间,如果填充区域里有文字,可以同边框一起选取文字,文字不会被填充,而且文字周围还会留出一条空隙
渐变色	GD	二维制图用到渐变色这个命令很少,而三维制图绝大多数用 3Dmax 等软件,所以这个命令基本荒废了
面域	REG	面域是带物理性质的闭合区域,多用于三维操作,在二维当中,用于计算面积
表格	TB	这个功能操作起来并不是很方便,建议先用 Excel 编辑表格然后复制,再执行 CAD 编辑菜单的选择性粘贴,选择 CAD 图元,实现表格转换
多行文字	MT	多行文字用于编辑较多的文字
修改工具		
删除	E	除了 E 命令,Delete 键也可执行删除
复制	CO 或 CP	由于复制命令使用较多,建议快捷键改成 C,复制命令默认情况下可以连续复制,这是复制命令的一大革新
镜像	MI	镜像时如果需要删除原对象,直接在镜像命令中执行删除,不用另外执行删除命令
偏移	O	偏移可以实现除法功能。比如在 100 宽的两根竖线之间偏移出两根距离相等的线,可以执行偏移,输入 100/3,再拾取原线偏移两次,就生成了每个距离是 33.3333 的两根线。偏移异形的多边形,需要多边形是闭合的
阵列	AR	阵列适合复制出形状比较复杂的图形,一般简单的图形尽量用复制命令
移动	M	由于移动命令用得比较多,原快捷键 M 操作起来并不便捷,建议改成左手边的 V 键或者左手边的其他键
旋转	RO	有些情况下,需要复制并旋转一个物体,可以执行旋转命令,再在命令栏中根据提示选择复制 C。由于旋转命令用得比较多,原快捷键 RO 操作起来并不便捷,建议改成单独的 R 键或者左手边的其他键
比例	SC	缩放比例时可以在命令栏使用除法功能,CAD 不支持加、减、乘法运算。比如把一个 80.25 宽的图元,缩到 50 宽,可以在命令栏输入 SC,再输入 50/80.25。如果是放大到 100 宽,则输入 100/80.25,这样可以把任意宽缩放到想要的宽度
拉伸	S	灵活使用拉伸命令可以大大提高作图效率。除块、组和外部参照之外的任何图形对象,觉得长了、短了都可以在图形对象的前、后、左、右和局部进行拉伸。还可以把这个命令理解成移动局部位置

续表 2·1

工具名称	快捷键	功能说明
修剪	TR	执行修剪命令时使用 F 进行围栏删除可以快速剪切对象,从 AutoCAD 2006 版起,修剪命令增强了修剪功能,可以用拾取框框选需要删除的部分,一次性可以删除对象,输入命令后连续双击空格即可进行修剪
延伸	EX	如果延伸的参照边没有那么长,可以在命令栏设置延伸到边,一次设置以后仍有效,输入命令后连续双击空格即可进行延伸
打断	—	执行此命令可以打断线,并且打断形成的两个点连在一起
打断于点	BR	执行此命令可以打断线,但打断之后两个点是分开的
合并	JOIN	用于合并在一条直线方向上的两条相邻线条,是打断命令的反用法
倒直角	CHA	可以倒出两边不一样长的直角
倒圆角	F	有些情况下用倒角修剪线段比剪切命令更便捷,把倒角的值设为零即可,倒圆角和倒直角都可以用,建议用圆倒角,因为在实际应用中,倒圆角用得较多
分解	X	分解块时,如果块中包含了另外的块,需要多次执行此命令
标注工具		
线性标注	DLI	使用基线标注和连续标注之前需要先创建一个线性标注
对齐标注	DAL	对齐标注可以标注水平线、垂直线、斜线,所以用快捷方式建议用这个标注,但缺点是拖动一端标注点会旋转
弧长标注	DAR	标注弧形的长度
坐标标注	DIMORD	标注点的坐标
半径标注	DRA	标注圆或圆弧的半径
折弯标注	JOG	有些圆弧只有一小段而且弧度大,标注半径的尺寸线如果全显示出来不太美观,这时就应该用折弯标注
直径标注	DDI	标注圆或圆弧的直径
角度标注	DAN	标注两线之间的夹角
快速标注	QDIM	选择标注点可以一次性生成这些点之间的标注尺寸,很快捷,使用率很高
基线标注	DBA	使用基线标注时,需要先创建一个线性标注
连续标注	DCO	使用连续标注时,需要先创建一个线性标注
快速引线	LE	可快速绘制直线引线,也可创建曲线引线
形位公差	TOL	一般很少用它,不过有些公司用它来作材料标识符,这是个很好的办法,比块的方法更灵活简便
圆心标记	DCE	用来标记圆心点,显示为一个十字形,可以通过标注样式来更改十字形圆心标记的大小

工具名称	快捷键	功能说明
编辑标注	DED	用于更改标注文字或旋转标注文字及尺寸界线
编辑标注文字	DIMTEDIT	主要用于更改标注文字的对齐位置
标注更新	APPLY	利用标注更新来快速更新标注，与格式刷类似，但只能刷新标注
标注样式	D	标注样式中使用频率最高的可能是阿拉伯数字大小的设置，如一般建立 100、50、30 等样式代表相应的比例文字
其他工具		
单行文字	DT	单行文字的编辑功能很简单，只能处理简短的文字，不过用起来也很简洁，而绘图时的标注文字都很简短，所以经常用到它
缩放	Z	随着 CAD 对鼠标缩放功能的加强，Z 命令已经失去了往日的风采，不过用 Z 命令实施缩放的人还是很多
多线	ML	多线用于画墙体等，一次性可以画出多条直线，默认情况下只有两条；可以随意设置这两条线的间隔，一般为 240mm 和 120mm 墙体厚度
计算器	QC	(Ctrl＋8)启动 CAD 里内置的计算器程序，用以计算各种类型的数据
圆环	DO	主要用来绘制点钢筋，除此外很少用
对象捕捉设置	DS	对象捕捉是 CAD 的特长，少了它 CAD 就缺少了灵魂。AutoCAD 2006 版新增添了动态输入的功能，也就是有些命令栏下的命令和数据移到光标旁边了，不过有些人认为碍眼，可以在设置中关闭该功能
选项	OP	几乎每个大型软件都有类似的功能，类似于 Windows 的控制面板，合理的设置会起到事半功倍的效果
强制对齐	AL	强制对齐主要的用途是把一个任意角度的图形对齐到想要的位置，是旋转命令的很好补充，不需要输入角度就可以完成准确对齐
创建布局视口	MV	在布局空间建立新的视口，默认建立矩形视口，当然也可以根据命令栏的提示创建多边形视口，也可以把已有的不规则闭合图形创建成视口
创建闭合边界	BO	用这个工具可以很快很精准地创建闭合的边界，创建边界的主要作用是计算面积、周长和填充图案
撤销前一删除	OOPS	撤销前一步的删除，注意只是撤销一步。这个命令在创建边界前用很有效，因为有些图形很复杂可以暂时删去，免得计算多余的边界
测量清单	LI 或 LS	每画一个独立的几何对象，CAD 都赋予其信息，用它可以查看相关信息，用得多的是查看闭合图形的面积和周长
清理	PU	清理以前使用过的并且目前没有关联使用的图块、标注样式、文字样式、图层等。一般在阶段性绘图之后执行它可以减小文件大小
图层	LA	图层设置内涵最丰富，颜色、线宽、线型要选对，特别是线型加载后要再选择一次，否则还是原来的线型，颜色有时是输入数值
颜色	COL	快速打开颜色管理器
线型	LT	快速打开线型管理器

续表 2-1

工具名称	快捷键	功能说明
线宽	LW	快速打开线型管理器
测量距离	DI	测量两点之间的距离和这两点连线与水平线形成的夹角,起简要查询作用,绘图时常用它来查看线的简要信息
查询面积周长	AA	主要用于查询非多段线的闭合图形,如果是多段线属性的闭合图形(如矩形等),直接用 LS 命令就可以快速查询面积和周长
重生成模型	RE	CAD 作图时软件系统会自动降低显示线段精度以提高运行速度,有些圆看起来像多边形就是这个原因,执行这个命令可以显示完整图形
定数等分	DIV	这是一个很好用的命令,画图时常需要把一条线分成几份再画细部,可以节约计算时间
定距等分	ME	有了上面的定数等分,定距等分的作用就不大了,也没有定数等分便捷
编辑多段线	PE	如果现有的线不是多段线,执行这个命令会提示是否先合并成多段线。因此这个命令也用于合并直线成多段线
编辑块定义	BE	执行这个命令,会弹出一个对话框,可以选择其中的一个块进行编辑。但一般情况下,对块进行编辑,双击它即可
定义块属性	ATT	用于自定义图块属性,定义好属性的块用起来也很方便,所以掌握它很有必要
转入图纸	PS	在布局空间里进入模型操作时,有时需要转到图纸层面上来,可以用鼠标双击,也可以用这个命令
转入模型	MS	在布局空间里的图纸层面上操作时,有时需要转到模型里操作,可以用鼠标双击,也可以用这个命令
图形修复管理器	DRM	在操作时由于停电或者软件等因素而导致软件关闭,可以利用该工具打开上一次自动保存的文件,自动保存的时间可以在选项里设置
线型比例	LTS	有些虚线看起来像实线,就是因为线型比例没有设置好,在模型空间里设置好的虚线转入布局空间也要重新设置比例
对象捕捉开关	F3	打开和关闭对象捕捉
正交开关	F8	打开和关闭正交,打开后只能绘制水平或竖直的线
极轴开关	F10	打开和关闭极轴,极轴和正交不能同时打开
文字样式	ST	在使用文字前一定要先完成字体设置,在书写时一定要选择已经设置过的字体,特别是钢筋字体。设置字体时一定不要输入字高,默认 0 即可,但宽度因子一定记得修改为 0.7
绘图单位	UN	设置绘图的单位。新建文档时选择公制会默认单位为毫米
捕捉设置	SN	一般情况下十字光标与 X、Y 轴同向,也就是水平和垂直的,当需画有很多斜线的图形时,可以用捕捉模式设置光标成想要的角度,这样在执行偏移等命令时很方便,不用每次都输入斜线的角度,直接输入宽度即可

续表 2-1

工具名称	快捷键	功能说明
改变显示次序	DR	当两图形重合时,前者会覆盖后者的颜色,如果用颜色来印,会打印不出来,可以通过这个命令来显示需要的图形
射线	RAY	类似构造线,只是射线有一个开始点,向一端无限延伸,功能类似于构造线
创建组	G	创建一个给定名称的组,可以包含块和单个图元。组和块有所区别,组不用炸开可以直接进行编辑,同时也支持复制等命令
鸟瞰视图	AV	弹出鸟瞰视图界面进行鸟瞰视图
打印	Ctrl+P	打印
保存	Ctrl+S	保存,绘图过程中需要经常手动保存,以防发生意外使图形丢失
文件切换	Ctrl+Tab	如果用 CAD 同时打开两个以上文件,这个命令可以在两个文件之间从前至后切换。加按 Shift 可以反向切换
计算器	Ctrl+8	用于调出 CAD 自带的计算器
显/隐命令行	Ctrl+9	用于随时显示和隐藏命令栏
特性	Ctrl+1	(CH 或者 PR 也可打开)按第一次 Ctrl+1 是打开特性工具,按第二次 Ctrl+1 是关闭特性工具。特性工具不但提供图形的所有信息,还可以批量操作,很便捷
放弃	Ctrl+Z	放弃前一操作
属性匹配	MA	格式刷,可通过该命令实现不同线性、线宽、颜色的一致性,也包括字体之间的一致性

 重点难点汇总

(1)在绘图工作中应注意随时保存图形,以免因死机、停电等意外事故而使图形丢失,可以通过同时按下 Ctrl+S 键进行保存,并养成良好的习惯。

(2)绘图环境设置是开展绘图工作的前提和基础,主要包括选项设置、状态栏设置、图层设置、文字样式设置及标注样式设置等。

(3)在平时的学习中要养成输入命令的习惯,尽量不要用鼠标去点取相应的按钮,这样在后期的绘图中能提高绘图效率。

习　　题

1.对照任务完成绘图环境设置(选项设置、状态栏设置、图层设置、文字样式设置及标注样式设置等)。

2.对照任务熟悉 CAD 的基本操作(打开、新建、关闭文件,查看、选择图形等)。

模块 2
传统 CAD 绘图——基础篇

本模块为传统 CAD 绘图，主要包括绘制标准图框、建筑平面图、立面图、剖面图、详图及结构图等内容。通过本模块的学习，学生可以系统地掌握 CAD 绘图的基本思路和技巧，为后续建筑模块化快速绘图奠定坚实的基础，同时，本模块也是建筑识图技能竞赛及 1＋X 建筑工程识图职业技能等级考核的重要内容。该模块的内容应在教师精讲的前提下，侧重学生的上机实操，教训结合。

任务 3　绘制标准图框

知识目标	能力目标	相关命令
掌握标准图框基本知识	能利用 LINE、OFFSET、TRIM 命令绘制图框	LAYER;LA;LINE;L;OFFSET;O;TRIM;TR
掌握相关绘图命令	能利用 RECTANG 命令绘制图框	RECTANG;REC
掌握多种绘制图框的方法	能利用 MTEXT 命令注写标题栏文字,利用 COPY 命令复制文字	STYLE;ST;MTEXT;T;COPY;CO/CP

　　本次任务为绘制常用的标准图框,绘图内容相对比较简单,但其蕴含的绘图思路和绘图技巧却十分重要。对于部分初学者来说,最初使用 CAD 绘图或许不太习惯,需要反复练习,以便掌握 CAD 最基本的操作和绘图技巧,为后期的学习奠定基础。

　　思政元素:希望同学们在绘图过程中严谨认真、脚踏实地,切忌眼高手低。

绘制标准
图框

3.1　标准图框绘制内容及相关要求

　　(1)绘制 A2 图框及标题栏,详见图 3-1。
　　(2)图层设置详见表 3-1。

表 3-1　图层设置

图层名称	颜色	线型	线宽/mm
图框	7	CONTINUOUS	0.35
文字	7	CONTINUOUS	默认

　　(3)文字样式设置:样式名为"汉字",字体名为"仿宋",宽高比为 0.7,字高采用 3.5 和 5.0 两种。

　　(4)图框线宽要求:细线 0.35mm,中粗线 0.7mm,粗线 1.0mm,细线的"线宽控制"随层,中粗线和粗线均采用"线宽控制"设置线宽。

　　(5)无须进行尺寸标注。

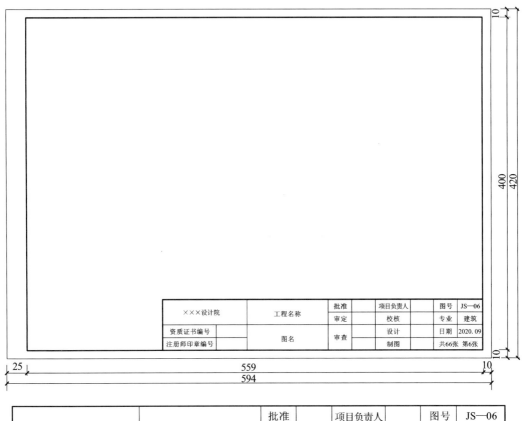

×××设计院		工程名称		批准		项目负责人		图号	JS—06
				审定		校核		专业	建筑
资质证书编号		图名		审查		设计		日期	2020.09
注册师印章编号						制图		共66张 第6张	

图 3-1 A2 图框及标题栏

3.2 标准图框绘图命令及绘图环境设置

3.2.1 标准图框绘图命令

本次任务用到的命令如下:

(1)管理图层和图层特性

①命令:LA(LAYER)。

② 工具栏:图层 .

③ 菜单:格式(O) ▶ 图层(L)...。

(2)创建直线段

①命令:L (LINE)。

② 工具栏:绘图 .

③ 🎖 菜单:绘图(D) ➤ 直线(L)。

指定第一点:(指定点或按【Enter】键从上一条绘制的直线或圆弧继续绘制)

指定下一点或 [关闭(C)/放弃(U)]:

(3)查询两点间的长度

①命令:DI(DIST)。

② 🎖 工具栏:查询 ▦。

③ 🎖 菜单:工具(T) ➤ 查询(Q) ➤ 距离(D)。

(4)绘制矩形多段线

①命令:REC(RECTANG)。

② 🎖 工具栏:绘图 ▢。

③ 🎖 菜单:绘图(D) ➤ 矩形(G)。

当前设置:旋转角度 ＝ 0。

指定第一个角点或 [倒角(C)/标高(E)/圆角(F)/厚度(T)/宽度(W)]:(指定点或输入选项)

(5)创建、修改或设置文字样式

①命令:ST(STYLE)。

② 🎖 工具栏:"文字"工具栏 ▱。

③ 🎖 菜单:格式(O) ➤ 文字样式(S)...。

(6)创建单个多线(多行文字)文字对象

①命令:MT/ T(MTEXT)。

② 🎖 工具栏:绘图 **A**。

③ 🎖 菜单:绘图(D) ➤ 文字(X) ➤ 多行文字(M)...。

④ 🎖 面板:文字面板,多行文字。

当前文字样式:＜当前＞ 文字高度:＜当前＞ 注释性:＜当前＞

指定第一个角点:

指定对角点或 [高度(H)/对正(J)/行距(L)/旋转(R)/样式(S)/宽度(W)/列(C)]:

(7)创建同心圆、平行线和平行曲线

①命令:O(OFFSET)。

② 🎖 工具栏:修改 ▣。

③ 🎖 菜单:修改(M) ➤ 偏移(S)。

当前设置:删除源＝当前值 图层＝当前值 OFFSETGAPTYPE＝当前值

指定偏移距离或 [通过(T)/删除(E)/图层(L)]＜当前＞:(指定距离、输入选项或按【Enter】键)

为了使用方便,OFFSET 命令将重复。要退出该命令,请按【Enter】键。

(8)按其他对象定义的剪切边修剪对象

①命令:TR (TRIM)。

② 🎖 工具栏:修改 ⊢。

③ 🎖 菜单:修改(M) ➤ 修剪(T)。

(9)在当前的"模型"或布局选项卡上,设置并控制栅格显示的界限

①命令：LIMI（LIMITS）。

② 🐾 菜单：格式（O） ▶ 图形界限（I）。

指定左下角点或［开（ON）/关（OFF）］＜当前＞：（指定点，输入 ON 或 OFF，或按【Enter】键）

（10）设置当前线宽、线宽显示选项和线宽单位

①命令：LW（LWEIGHT）。

② 🐾 菜单：格式（O） ▶ 线宽（W）...。

③快捷菜单：在状态栏上的 LWT 上单击鼠标右键，并选择"设置"。

3.2.2　标准图框绘图环境设置

3.2.2.1　保存文件

打开 CAD 软件后首先选择【保存】（Ctrl＋S）命令保存文件，并给文件命名，同时选择合适的保存路径。绘图过程中要经常按下 Ctrl＋S 组合键来保存文件。

3.2.2.2　设置绘图界线

（1）设置虚拟图纸大小

命令：LIMI（LIMITS）。

重新设置模型空间界限：

指定左下角点或［开（ON）/关（OFF）］＜0.0000,0.0000＞：＜Enter＞

指定右上角点 ＜420.0000,297.0000＞：594,420（也可输入更大的坐标值）。

此设置对于初学者意义较大，可防止绘制的图形太小看不到或者太大不方便查看，但由于后期绘图工作量较大，绘图范围也不尽可知，同时，对于操作比较熟练的绘图人员不会出现前面的问题，该设置反而会影响绘图工作，故后期可以不进行该项设置。

（2）将绘图区域全屏显示

命令：Z（ZOOM）。

指定窗口的角点，输入比例因子（nX 或 nXP），或者

［全部（A）/中心（C）/动态（D）/范围（E）/上一个（P）/比例（S）/窗口（W）/对象（O）］＜实时＞：A ＜Enter＞

通过快速双击鼠标中键也实现图形全屏显示。

3.2.2.3　图层设置

命令：LA（LAYER）。

鼠标左键单击新建按钮 🐾，或者输入组合键 Alt＋N，在弹出的新建图层里命名"图框"，在线宽一栏选择 0.35，同样新建文字图层，其中颜色 7 为默认白色，线宽为默认线宽，同时鼠标左键单击按钮 ✔，或双击该层，把"图框"层置为当前，详见图 3-2。

3.2.2.4　文字样式设置

AutoCAD 文字样式设置如下：

命令：ST（STYLE）。

在弹出的对话框里鼠标左键点击【新建】，在弹出的样式对话框里将【样式名】命名为"汉字"，去掉【使用大字体】前的对钩，在【字体】下字体名中选择"T 仿宋"（WIN7 及以上电脑系统）或"T 仿宋－GB2312"（WIN7 以下电脑系统），详见图 3-3。

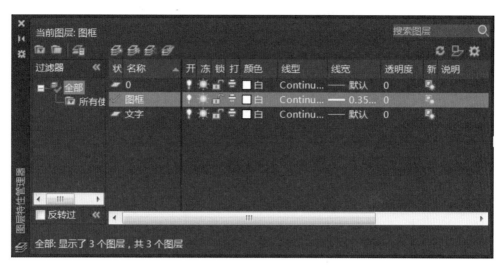

图 3-2　图层设置

　　注意：新建文字样式中宽度因子填入 0.7，高度默认为 0.0000 即可，一定不要修改字高。不要选择前面带有@的字体，如果选择该种字体，会导致写出的字是横着的！最后注意一定要新建字体，最好不要修改或使用原来默认的字体。

图 3-3　AutoCAD 文字样式设置

　　中望 CAD 文字样式设置与 AutoCAD 类似，详见图 3-4。

图 3-4　中望 CAD 文字样式设置

3.3　绘 制 图 框

3.3.1　绘制方法——直线命令绘制图框

(1)直线命令绘制图幅线

绘制直线时,有输入直角坐标和极坐标两种方式,而每种坐标又分绝对坐标(相对坐标原点的坐标)和相对坐标(相对相邻上一点的坐标),此时可以通过 DYN【动态输入】(F12)来区分,当打开此项时输入的坐标即为相对坐标,关闭此项则为绝对坐标,本任务选择相对极坐标较快捷。绘图之前可以打开【正交】或者【极轴】,以便绘制正交直线。

命令：L(LINE)

指定第一点：(可在绘图区域任一点用鼠标左键点一下)

指定下一点或［放弃(U)］:＜极轴 开＞594　(X 方向)

指定下一点或［放弃(U)］:420　(Y 方向)

指定下一点或［闭合(C)/放弃(U)］:594　(X 方向)

指定下一点或［闭合(C)/放弃(U)］:C　(按空格、回车键或【Esc】结束)

(2)偏移命令绘制图框线

命令：O(OFFSET)

当前设置：删除源＝否　图层＝源　OFFSETGAPTYPE＝0

指定偏移距离或［通过(T)/删除(E)/图层(L)］＜通过＞:10

选择要偏移的对象,或［退出(E)/放弃(U)］＜退出＞:

指定要偏移的那一侧上的点,或［退出(E)/多个(M)/放弃(U)］＜退出＞:

选择要偏移的对象，或［退出(E)/放弃(U)］＜退出＞：

命令：OFFSET

当前设置：删除源＝否　图层＝源　OFFSETGAPTYPE＝0

指定偏移距离或［通过(T)/删除(E)/图层(L)］＜10.0000＞：25

(3)修剪命令编辑图框线

命令：TR(TRIM)

当前设置：投影＝UCS,边＝无

选择剪切边...

选择对象或＜全部选择＞：　指定对角点：找到 9 个

选择对象：

选择要修剪的对象,或按住【Shift】键选择要延伸的对象,或

［栏选(F)/窗交(C)/投影(P)/边(E)/删除(R)/放弃(U)］：

该绘图方法为最基本的绘图方式,绘图过程详见图3-5。

图 3-5　直线命令绘图过程

3.3.2　绘制方法二——矩形命令绘制图框

(1)矩形命令绘制图幅线

命令：REC(RECTANG)

指定第一个角点或［倒角(C)/标高(E)/圆角(F)/厚度(T)/宽度(W)］：

指定另一个角点或［面积(A)/尺寸(D)/旋转(R)］：@594,420(如果此处打开了【DYN】,可直接输入594,420,若未打开,则输入@594,420,此处与【DYN】设置的指针默认第二点坐标方式相关)

注意：坐标间的逗号一定是英文状态下的,如果是中文状态下的逗号 CAD 无法识别！

(2)偏移命令绘制图框线

命令：O(OFFSET)

当前设置：删除源＝否　图层＝源　OFFSETGAPTYPE＝0

指定偏移距离或［通过(T)/删除(E)/图层(L)］＜25.0000＞：10

选择要偏移的对象,或［退出(E)/放弃(U)］＜退出＞：

指定要偏移的那一侧上的点,或［退出(E)/多个(M)/放弃(U)］＜退出＞：

选择要偏移的对象,或［退出(E)/放弃(U)］＜退出＞：

用矩形命令绘制的矩形是一个整体,执行偏移命令时,四条边将同时偏移,详见图3-6。

AutoCAD 2008 版以后,则可以直接选择边框线,在每条边的中点各有一个夹点,此时用鼠标左键点一下中点夹点,水平拖动鼠标,输入要拉伸的数值15,拉伸操作完成,详见图3-7。

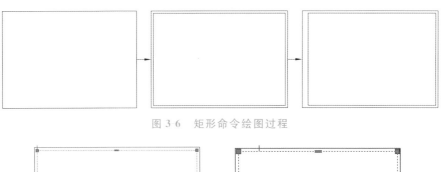

图 3-6   矩形命令绘图过程

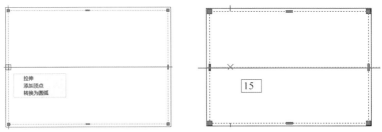

图 3-7   矩形边拉伸操作过程

3.4   绘制标题栏

3.4.1   绘制标题栏外框线及分格线

标题栏外框线及分格线的绘制可以可先利用【直线】命令绘制外框线，再利用【偏移】命令绘制分格线，最后利用【修剪】命令得到最终图形。标题栏绘制时可在图框右下角位置绘制，若是在图框外单独绘制，则需要用【移动】命令将标题栏移到图框里。标题栏外框线及分格线的绘制过程详见图 3-8。

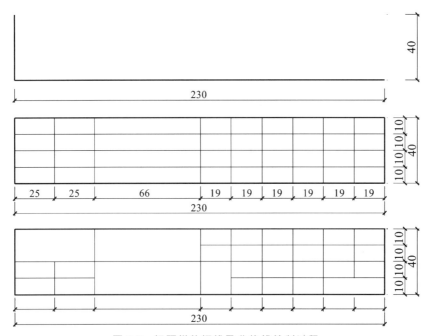

图 3-8   标题栏外框线及分格线绘制过程

注意：进行修剪时可以全选，也可连续两次按空格键后进行修剪。

3.4.2 输入标题栏文字

命令：T(MTEXT)

指定第一角点：(可以选择文字外框矩形的任意一个角点，并在指定下一个角点之前设置字高、对正方式，详见图 3-9)

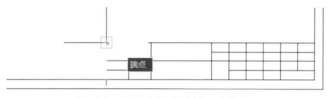

图 3-9 多行文字指定第一个角点

指定对角点或［高度(H)/对正(J)/行距(L)/旋转(R)/样式(S)/宽度(W)/栏(C)］：H(在指定对角点之前输入文字高度)

指定高度 <2.5>：5

指定对角点或［高度(H)/对正(J)/行距(L)/旋转(R)/样式(S)/宽度(W)/栏(C)］：J(指定文字的对正样式)

输入对正方式［左上(TL)/中上(TC)/右上(TR)/左中(ML)/正中(MC)/右中(MR)/左下(BL)/中下(BC)/右下(BR)］<左上(TL)>：MC(输入 MC 选择正中)

指定对角点或［高度(H)/对正(J)/行距(L)/旋转(R)/样式(S)/宽度(W)/栏(C)］：(指定对角点)

采用同样的方式书写其他文字。

若在书写过程中忘记了设置字高、对正方式等，也可双击文字，并选中文字，在文字工具条 处选择对正方式，在字高 处修改字高，详见图 3-10。或者按 Ctrl＋1 键，选择要修改的文字，在对象特性对话框里修改相应的设置，详见图 3-11。

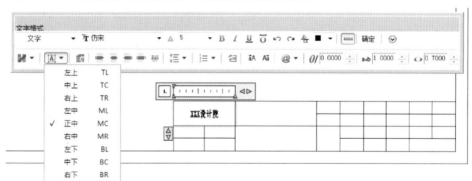

图 3-10 文字格式修改文字属性

相同大小的矩形框可采用【复制】命令进行复制，再修改文字，复制时基点选择矩形框的任一个角点皆可，大小不同的矩形框也可复制，但位置不易居于正中。

命令：CO(COPY)

找到 1 个

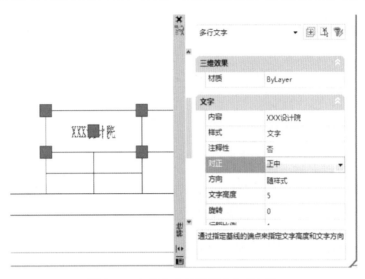

图 3-11   多行文字特性修改文字属性

指定基点或［位移(D)/模式(O)］＜位移＞:(可以指定文字所在矩形框的任一角点作为基点)
指定第二点的位移或者［阵列(A)］＜使用第一点当做位移＞:(文字所在矩形框的对应角点)
指定第二个点或［阵列(A)/退出(E)/放弃(U)］＜退出＞:(可连续操作,直至复制结束)

3.5   修改图框线线宽

选中图框线,在【图层特性管理器】里选择相应线宽,同样的方式修改标题栏外框线的线宽。注意图框线的线宽为 1.0mm,标题栏外框线的线宽为 0.7mm,详见图 3-12。

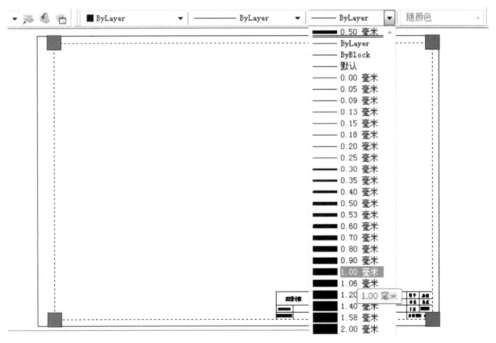

图 3-12   修改图框线线宽

重点难点汇总

（1）绘制直线时，有输入直角坐标和极坐标两种方式，而每种坐标又分绝对坐标（相对坐标原点的坐标）和相对坐标（相对相邻上一点的坐标），此时可以通过 DYN【动态输入】（F12）来区分，当打开此项时输入的坐标即为相对坐标，关闭此项则为绝对坐标，在绝对坐标状态下，也可在坐标前输入"@"使其转换为相对坐标。另外，输入坐标时，X 值和 Y 值之间要用英文的逗号"，"，如果采用其他符号则无效。

（2）设置文字样式时，应注意【文字高度】项默认为"0.0000"，此项不要修改，一旦修改，文字的高度便被固定了，后面再注写文字时无法改变字高，而【宽度因子】项要填入"0.7"，否则注写的文字不是长仿宋字。

命令详解

（1）直线（采用相对直角坐标方式）：L（LINE）→指定第一个点：0,0→指定下一点：594,0→指定下一点：0,420→指定下一点：C。

（2）偏移：O（OFFSET）→指定偏移距离：10→选择要偏移的对象（十字光标变成方框）→点取要偏移一侧任意空白处（十字光标变成十字），若偏移相同的距离可以连续进行。

（3）修剪：TR（TRIM）→选取对象来剪切边界 ＜全选＞（这里的边界是指被修剪对象的参照边界，如互为边界可全选）→选择要修剪的实体，或按住【Shift】键选择要延伸的实体。也可双击空格进行修剪，但具体用哪一种方式，要看具体的情况。另外，如果只是单纯的一段直线，无参照边界，则只能用"删除"命令删除。

（4）文字样式：ST（STYLE）→新建→汉字→仿宋→宽度因子：0.7→应用。

ST→新建→非汉字→SIMPLEX（在字体名称里输入 SIM 可快速找到）→大字体→GBCBIG.SHX 或 HZTXT.SHX→宽度因子：0.7→应用。

（5）多行文字：T（MTEXT）→角点（鼠标左键点取）→J→MC→H→3.5（5）→对角点（鼠标左键点取）。

（6）复制对象：CO/CP（COPY）→选择对象→指定基点（鼠标左键点取）→指定第二点（鼠标左键点取），也可以输入详细的数值。

习　　题

图框绘制：绘制 A1 横式图框，新建图层"图框"，颜色号 4，线型 Continuous，线宽 0.35mm。标题栏详见图 3-13，出图比例 1：100，字高 5.0，无须标注尺寸。

（1）汉字：样式名为"汉字"，字体名为"仿宋"，宽高比为 0.7。

（2）非汉字：样式名为"非汉字"，字体名为"simplex.shx"，大字体为"hztxt.shx"，宽高比为 0.7。

（3）图框绘制线宽要求，细线 0.35mm，中粗 0.7mm，粗线 1.0mm，其余线宽采用对象线宽的方式设置。

（4）绘好后以"建筑试题 1"命名。

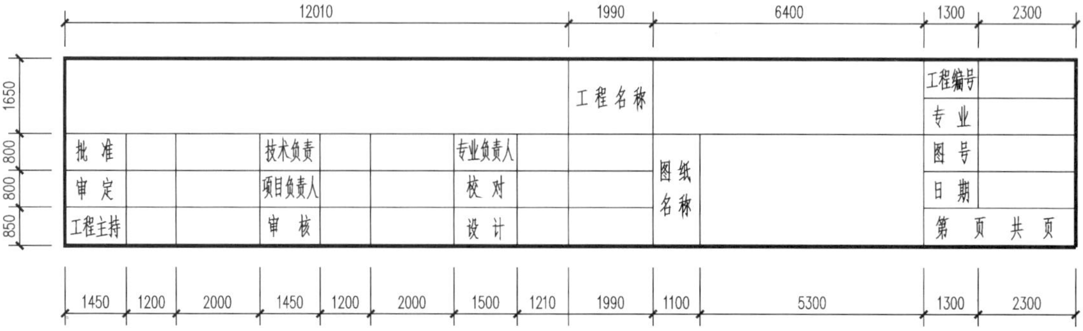

						工程名称			工程编号	
									专 业	
批 准			技术负责		专业负责人		图纸		图 号	
审 定			项目负责人		校 对		名称		日 期	
工程主持			审 核		设 计				第 页 共 页	

图 3-13　标题栏

任务 4　绘制建筑平面图

知识目标	能力目标	相关命令
掌握建筑平面图基本知识	熟悉建筑平面图的组成及相关构造	LAYER：LA；OFFSET：O；TRIM：TR；MTEXT：T；DTEXT；DT、COPY：CO
按照图元属性设置图层	能按轴线、墙柱、门窗、楼梯、家具和洁具等图元设置图层	SCALE：SC；CIRCLE：C；STRETCH：S；MOVE：M；MLSTYLE：MLS；MLINE：ML；ARRAY：AR；BREAK：BR；PLINE：PL
掌握相关绘图命令	能灵活利用绘图命令绘图，并进行必要的文字注写和尺寸标注	DIMSTYLE：D；QDIM；DIMLINEAR：DLI；DIMCONTINUE：DCO；DIMBASELINE：DBA；DIMRADIUS：DRA；DIMDIAMETER：DDI；DIMANGULAR：DAN；DIMALIGNED：DAL

本次任务为绘制建筑平面图，是本模块的重点内容，也是建筑工程识图技能竞赛及 1+X 职业技能等级考核的重点内容，绘图内容多且复杂，使用的命令也非常多。通过本次任务的学习，学生可以掌握绝大多数常用 CAD 命令，能较好地掌握 CAD 绘图思路和技巧，同时其识图能力也会得到较大提升。本次任务是进行后续任务学习的基础和前提，如果该部分内容掌握得好，本模块的后续任务基本可以通过自学完成。另外，可以根据教学计划要求，在完成本次任务学习之后，直接学习模块 3，以便更好地与 1+X 职业技能等级证书及今后的岗位需要相衔接。

思政元素：同学们在绘图过程中，应多练、多思考、多总结，精益求精，追求卓越，以工匠精神"武装"自己。

4.1　建筑平面图绘制内容及相关要求

建筑平面图应在建筑物的门窗洞口处水平剖切俯视，屋顶平面图应在屋面以上俯视，图内应包括剖切面及投影方向可见的建筑构造以及必要的尺寸、标高等，表示高窗、洞口、通气孔、槽、地沟及起重机等不可见部分时，应采用虚线绘制。

平面图绘制
内容及绘制
轴网

4.1.1　平面图绘制内容

本次任务要求绘制三层平面图。绘制内容主要有轴线、墙柱、门窗、楼梯、家具和洁具等，并标注尺寸和图名、按比例要求套入图框。三层平面图详见图 4-1。

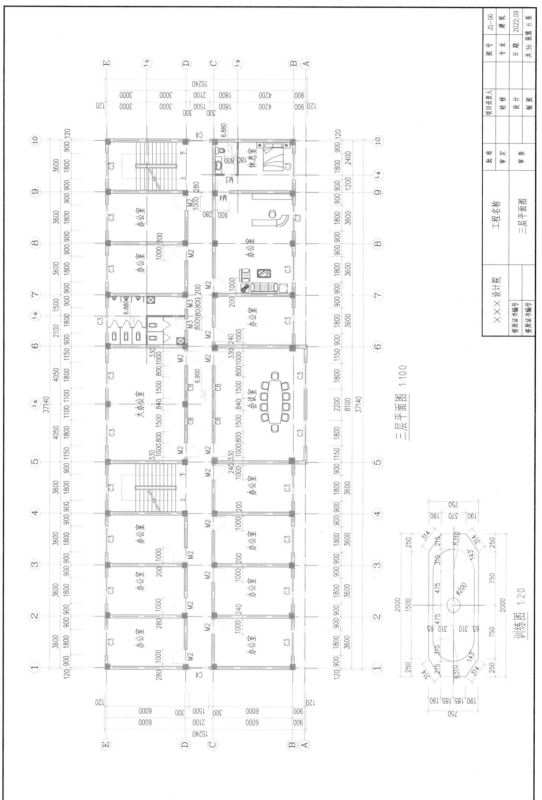

三层平面图 1:100

三层平面图 1:100

训练图 1:20

图 4-1 三层平面图

4.1.2 平面图绘图要求

4.1.2.1 图层设置

按图 4-2 所示设置图层。

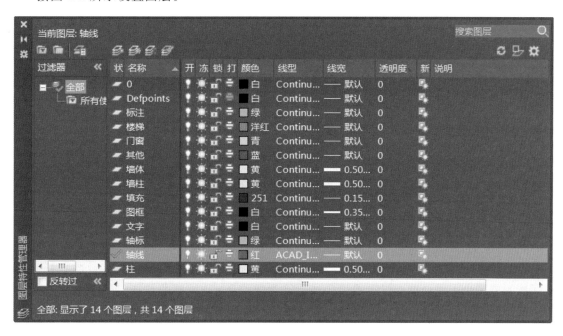

图 4-2 平面图图层设置

4.1.2.2 文字样式设置

设置汉字样式名为"汉字",字体名为"仿宋",宽高比为 0.7;设置数字、英文样式名为"非汉字",字体名为"Simplex",宽高比为 0.7。

4.1.2.3 尺寸标注样式设置

尺寸标注样式名为"100"。文字样式选用"非汉字",箭头大小为 2.5mm,基线间距 8mm,尺寸界线偏移尺寸线 2mm,文字高度 3mm,使用全局比例 100。主单位单位格式为"小数",精度为"0"。

4.1.2.4 其他

标注图名、标高及尺寸,尺寸需要标注外围三道尺寸及内部尺寸;除注明外,墙体厚度为 240mm 或者 120mm;所有门均采用单线绘制,居墙中,开启线为 90 度,平面布置为轴线居中设置。

4.1.2.5 比例

绘图比例 1∶1,出图比例 1∶100。

绘图时要严格按照制图标准中相关规定,详见本书任务 1。本次任务绘图命令较多,故分散于各子任务之中详细讲解。

4.2　绘　制　轴　网

4.2.1　轴网绘图设置

4.2.1.1　命名保存文件

打开上次绘制的图框文件,选择【文件】→【另存为】(Ctrl＋Shift＋S)保存文件,文件命名为"建筑平面图",同时选择合适的保存路径。绘图过程中要经常按下 Ctrl＋S 组合键来保存文件。

4.2.1.2　设置图层

命令：LA (LAYER)。

(1)在弹出的【图层特性管理器】里,用鼠标左键单击新建按钮或采用组合键 Alt＋N,在弹出的新建图层里命名,按照图 4-2 的要求设置相应图层信息。

(2)加载线型。制图标准要求轴线采用细单点长画线,故这里需要加载点画线。

在【选择线型】对话框下方单击【加载】按钮,在弹出的【加载或重载线型】对话框中选择"ACAD_ISO04W100　ISO long-dash dot"线型,然后在【已加载线型】中选择 ACAD_ISO04W100 线型即可,详见图 4-3。当然可以选择其他线型,如 CENTER 或者 DOTE 等,采用同样的方式也可以加载虚线等线型。在技能竞赛或者 1＋X 职业技能等级考试中,如果明确点画线的线型,需按照题目要求加载,如果题目里没有具体要求,加载哪一种点画线线型都可以。

注意：加载了点画线以后一定要选择该点画线(ACAD_ISO04W100),否则如果直接点【确定】键,默认的仍然是连续直线(Continuous)。

图 4-3　加载点画线

4.2.1.3　设置文字

命令：ST(STYLE)。

在弹出的对话框里用鼠标左键点击【新建】,在弹出的样式对话框里命名"非汉字",勾选【使用大字体】前的对钩,在【字体】下字体名中选择"simplex. shx",大字体选择"gbcbig. shx"。当然,这里也可以选择其他字体,但要符合建筑制图标准要求,详见图 4-4。

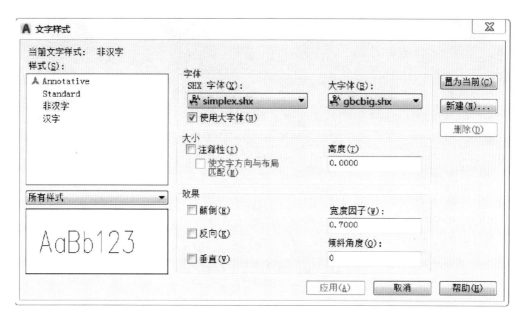

图 4-4 非汉字文字样式设置

4.2.1.4 设置比例

在传统的手工绘图中,由于图纸幅面有限,同时考虑尺寸换算简便,因此绘图比例受到较大的限制。特别是建筑图,由于建筑物较大,故通常采用较小的比例,如建筑平面图通常采用1∶100、1∶200 的比例。而 CAD 绘图软件可以通过各种参数的设置,使用户可以灵活地使用各种比例方便地进行绘图。

(1)绘图比例

绘图比例是 AutoCAD 绘图单位数与所表示的实际长度(mm)之比,即:

绘图比例=绘图单位数∶表示的实际长度(mm)

例如 1800mm 的窗宽,如果画成 18 个绘图单位,所采用的比例就是 18∶1800,即 1∶100;如果按照 1∶1 的比例画,就可以直接画成 1800 个绘图单位。

在 CAD 中因为图形界限可以任意设置,不受图纸大小的限制,因此通常按照 1∶1 的比例来绘制图样,省去了尺寸换算的麻烦。

(2)出图比例

出图比例是指在打印出图时,所打印的某条线的长度(mm)与 CAD 中表示该线条的绘图单位数之比,即:

出图比例=打印出图样的长度(mm)∶表示该长度的绘图单位数

例如,画成 1800 个绘图单位宽的窗,打印出来为 18mm,那么出图比例就是 18∶1800,即 1∶100。绘制好的 CAD 图形图样,可以以各种比例打印出来,图形图样根据打印比例可大可小。

在打印出图时,一定要注意调整尺寸标注参数和文字的大小。例如,要使打印在图纸上尺寸数字和文字的高度为 5mm,以 1∶100 的出图比例打印,则绘图字体的高度应为 500。

故采用 1∶1 的比例绘图时,需要将 A2 图框放大 100 倍。

4.2.2 轴网绘图过程

4.2.2.1 图框放大100倍

①命令：SC(SCALE)。

该命令可将图形整体放大或者缩小任意倍数，只需修改比例因子，如放大比例为100，比例因子为100，如果缩小比例为100，比例因子为0.01。

注意：SCALE命令是对图形实质上的缩放，而ZOOM命令则是调整图形显示上的大小，本身对图形无实质的缩放。

② 工具栏：修改 回 。

③ 菜单：修改(M) ➤ 缩放(L)。

④快捷菜单：选择要缩放的对象，然后在绘图区域中单击鼠标右键，单击"缩放"。

命令：SC(SCALE)

选择对象：指定对角点：找到74个(框选图框)

选择对象：

指定基点：(可任选一点，用鼠标左键单击一下)

指定比例因子或［复制(C)/参照(R)］＜1.0000＞：100

执行完上述操作后，会发现图形太大，无法全屏显示，且用传统的中键滚动的方式无法缩小到合适的大小，此时可以利用前面所讲的ZOOM命令缩小显示当前视口中对象的外观尺寸。

命令：Z(ZOOM)

指定窗口的角点，输入比例因子(nX或nXP)，或者

［全部(A)/中心(C)/动态(D)/范围(E)/上一个(P)/比例(S)/窗口(W)/对象(O)］＜实时＞：A

正在重生成模型。

也可快速连续双击鼠标中键(滚轮)来实现全屏显示。

4.2.2.2 设置全局线型比例因子

由于将图框放大了100倍，故相应的点画线的线型比例也应放大100倍，否则绘制出的点画线将显示为连续直线，而不是点画线。

(1)命令：LTS(LTSCALE)。

输入新线型比例因子＜1.0000＞：100

正在重生成模型。

也可通过线型管理器进行修改，具体如下。

(2)命令：LT(LINETYPE)。

在弹出的对话框里左键单击【显示细节】按钮，在下方弹出的【详细信息】中修改【全局比例因子】，详见图4-5。

(3)如果是针对个别图形修改线型比例可以先选择图形，通过【对象特性】Ctrl＋1组合键来进行修改，详见图4-6。

注意：此前两种操作等效，只需选择其中一种即可，无须重复操作，但可以练习。这里修改的是全局比例，对整个图形均有效。第三种方法属于针对个别图形，不要与前两种方法重复操

作,比如利用前两种方法中任一种已修改了全局比例因子为 100,再用第三种方法再把个别图形线型比例改为 100,则相当于把图形的线型比例变成了 10000。

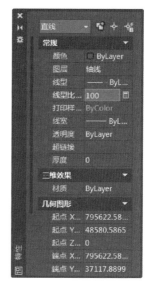

图 4-5 修改全局比例因子

图 4-6 修改线型比例

4.2.2.3 绘制轴网

利用【偏移】OFFSET 命令按照图 4-7 的尺寸偏移绘制轴网(标注无须绘制)。

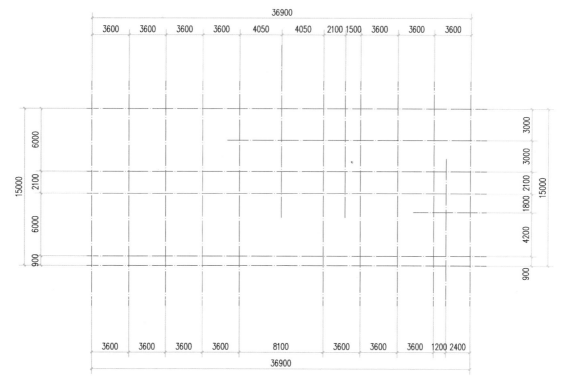

图 4-7 轴网尺寸

4.2.2.4 绘制轴标

轴标由轴圈及里面的数字组成,轴圈利用【创建圆】CIRCLE 命令完成,轴号则可由【单行文字】DTEXT 命令书写,用多行文字书写则不易对正。

(1)采用圆命令绘制轴圈

命令:C (CIRCLE)

指定圆的圆心或 [三点(3P)/两点(2P)/切点、切点、半径(T)]:2P

指定圆直径的第一个端点:(该点位于轴线的端点)

指定圆直径的第二个端点:800(竖直或者水平拖动鼠标,输入 800 后确认,因轴圈的直径取 8~10mm,故放大 100 倍后可取 800~1000,这里取 800)

轴圈绘制过程详见图 4-8。

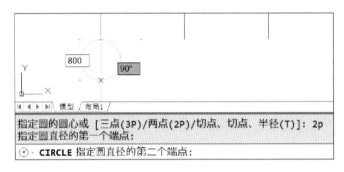

图 4-8 绘制轴圈

(2)书写轴标

命令:DT/DTE (DTEXT)

当前文字样式:"非汉字" 文字高度: 2.5000 注释性: 否

指定文字的起点或 [对正(J)/样式(S)]:J (指定文字对正方式)

[对齐(A)/布满(F)/居中(C)/中间(M)/右对齐(R)/左上(TL)/中上(TC)/右上(TR)/左中(ML)/正中(MC)/右中(MR)/左下(BL)/中下(BC)/右下(BR)]:MC (选用正中对正方式)

指定文字的中间点:(指定圆心)

指定高度 <400.0000>:400

指定文字的旋转角度 <0>:(角度默认值为 0,直接确认即可)

光标跳闪出输入"1"。

鼠标左键在空白处点一下,按【Esc】退出即可。

(3)复制轴标并修改

①命令:CO /CP(COPY)。

② 🔧 工具栏:修改 🔲 。

③ 🔧 菜单:修改(M) ▶ 复制(Y)。

④快捷菜单:选择要复制的对象,在绘图区域中单击鼠标右键,单击"复制"。

选择对象:(使用对象选择方法选择对象,完成后按【Enter】键)

当前设置:复制模式 = 当前值

指定基点或［位移(D)/模式(O)/多个(M)］＜位移＞:(指定基点或输入选项指定的两点定义一个矢量,指示复制的对象移动的距离和方向)。

如果在"指定第二个点"提示下按【Enter】键,则第一个点将被认为是相对(X,Y,Z)位移。例如,如果指定基点为(2,3)并在下一个提示下按【Enter】键,对象将被复制到距其当前位置沿 X 方向 2 个单位、Y 方向 3 个单位的位置。

默认情况下,COPY 命令将自动重复。要退出该命令,请按【Enter】键。

命令:CO /CP(COPY)

选择对象:指定对角点:找到 2 个　　(框选轴标)

选择对象:

当前设置:　复制模式 ＝ 多个

指定基点或［位移(D)/模式(O)］＜位移＞:(捕捉轴线端部与轴圈圆象限点的交点处为基点)

指定第二个点或 ＜使用第一个点作为位移＞:　(捕捉第二条轴线端部为第二个点)

指定第二个点或［退出(E)/放弃(U)］＜退出＞:　(捕捉第三条轴线端部为第二个点)

指定第二个点或［退出(E)/放弃(U)］＜退出＞:

……　　　　　　　　　　　　　　　　(捕捉第十一条轴线端部为第二个点)

注意:COPY 命令为连续操作命令,可以连续复制多个点。

X 方向轴标复制时可选择左右侧象限点作为基点,复制轴标过程详见图 4-9。

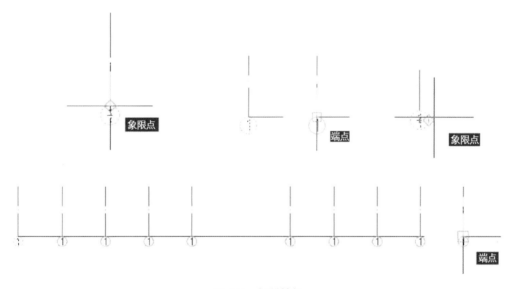

图 4-9　复制轴标

当两侧的相同轴标较多时,可以把一侧的轴标总体复制到对侧,再修改相应的数字或字母。

(4)调整轴网

如轴网位置不合适,可用【拉伸】命令进行局部或者整体调整。

命令:S (STRETCH)

以交叉窗口或交叉多边形选择要拉伸的对象...(使要被拉伸的对象端部完全位于选择框

里,从右下角向左上角框选)

选择对象:指定对角点:找到 30 个

选择对象:(直接回车退出对象选择)

指定基点或［位移(D)］＜位移＞:(鼠标左键选择一点,选在附近空白处较好)

指定第二个点或 ＜使用第一个点作为位移＞:(沿竖直方向拖动鼠标,指定任意一点,也可以输入一个具体的数值)

轴网拉伸操作详见图 4-10。

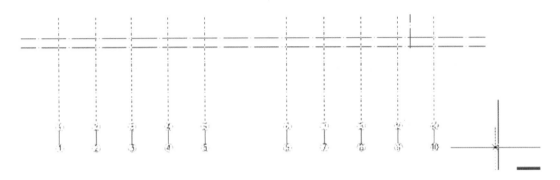

图 4-10 轴网拉伸操作

拉伸调整后的轴网见图 4-11。

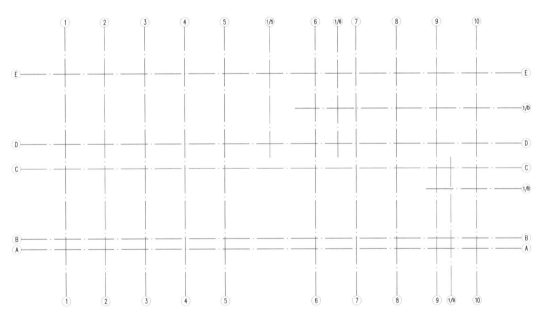

图 4-11 调整后的轴网

 重点难点汇总

(1)加载了点画线以后一定要选择该点画线(ACAD_ISO04W100),否则如果直接点【确

定】键,默认的仍然是连续直线(CONTINUOUS)。

(2)采用 1:1 的比例绘图,需要将 A2 图框放大 100 倍。SCALE 命令是对图形实质上的缩放,而 ZOOM 命令则是调整图形显示上的大小,本身对图形无实质的缩放。当采用 SCALE 命令放大 100 倍后,可能会导致图形太大,且不能用鼠标滚轮缩小到可视范围,此时可采用双击鼠标中键,或者输入 Z(ZOOM)→A,即可实现图形在当前界面显示。

(3)设置文字样式时,对于非汉字,这里可以选择合适的大字体,若此处未选择合适的大字体,一旦采用该字体样式书写汉字,则显示为"???"。另外应注意"文字高度"项默认为"0.0000",此项不要修改,而"宽度因子"项填入"0.7"。

 命令详解

(1)缩放:SC(SCALE)→选择对象:(选择图框)→指定基点:(可以指点任一点)→指定缩放比例:100。

(2)线型比例:LTS(LTSCALE)(修改的是全局比例,不是某条线的线型比例)→输入新值(一般为出图比例数)。

(3)圆:C(CIRCLE)→两点(2P)→指定轴圈直径的第一个端点→指定轴圈直径的第二个端点:800。

(4)文字格式:ST→新建→非汉字→SIMPLEX(在字体名称里输入 SIM)→大字体→GBCBIG.SHX 或 HZTXT.SHX→宽度因子:0.7→应用。

(5)单行文字:DT/DTE(DTEXT)→J→MC→指定文字的中间点:(指定圆心)→指定高度H:400→指定文字的旋转角度:0°(默认值)→输入轴号。

(6)复制对象:CO/CP(COPY)→选择对象→指定基点:选择轴圈圆的象限点与轴线的交点位置(鼠标左键点取)→指定第二点(鼠标左键点取轴线的端点)。

4.3　绘 制 墙 柱

4.3.1　墙柱绘图设置

在平面图中墙体一般有两条平行粗线,故绘制墙体时可利用多线【MLINE】命令来实现,但在使用多线命令前先要对多线样式进行设置。

输入命令:MLST(MLSTYLE),或鼠标点击【菜单】→【格式】→【多线样式】,打开【多线样式】对话框。

在【多线样式】对话框中单击【新建】,将新样式命名为 240,后单击继续,详见图 4-12。

绘制墙柱

在【新建多线样式:240】对话框中,勾选【封口】选项,也可以选择填充,再对图元进行设置。对【图元】下方的【偏移】值进行修改,选中默认数字"0.5",在下方的【偏移】里改为"120",选中默认数字"−0.5",在下方的【偏移】里改为"−120"。点击【确定】键返回【多线样式】对话框,在下面的预览窗口中显示该多线的样式,详见图 4-13。

以相同的方式可以新建其他形式的多线墙体,如 120 厚墙体。当然多线不仅仅是创建两

图 4-12　新建多线样式

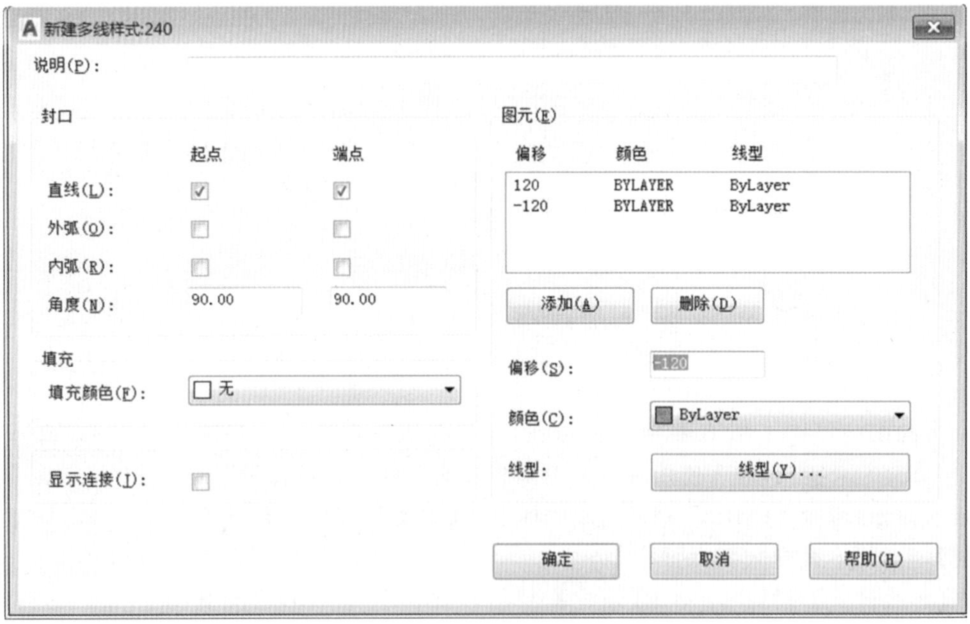

图 4-13　240 墙多线样式

条平行线,也可创建多条平行线,只需在【图元】里单击【添加】按钮添加即可。

4.3.2　绘制墙体

由图 4-1 可知,该平面图大部分相对于 ⑤ 轴对称,只有局部不同,故绘制时只绘制对称轴左侧一半,然后镜像出另一半,再对不同之处做局部修改即可。

(1)绘制 240 墙体

命令：ML(MLINE)

当前设置：对正 = 上,比例 = 20.00,样式 = STANDARD

指定起点或［对正(J)/比例(S)/样式(ST)］：ST(选择多线样式)

输入多线样式名或［?］：240　(选择 240 墙体)

当前设置：对正 = 上,比例 = 20.00,样式 = 240

指定起点或［对正(J)/比例(S)/样式(ST)］：J　(选择对正方式)

输入对正类型［上(T)/无(Z)/下(B)］<上>：Z　(无(Z):墙体居轴线中布置;上(T):墙体的上侧、右侧与轴线齐平;下(B):墙体的左侧、下侧与轴线齐平,详见图 4-14)

当前设置：对正 = 无,比例 = 20.00,样式 = 240

指定起点或［对正(J)/比例(S)/样式(ST)］：S　(设置比例)

输入多线比例 <20.00>：1　(默认比例,因为设置的双线间距就是 240,故比例应改为 1)

当前设置：对正 = 无,比例 = 1.00,样式 = 240

指定起点或［对正(J)/比例(S)/样式(ST)］：

指定下一点:(连续命令)

指定下一点或［放弃(U)］：

指定下一点或［闭合(C)/放弃(U)］：

指定下一点或［闭合(C)/放弃(U)］：

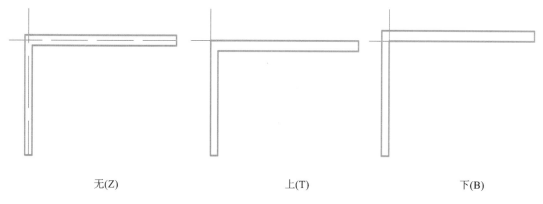

无(Z)　　　　　　　　上(T)　　　　　　　　下(B)

图 4-14　多线对正方式

(2)绘制 120 墙体

采用与绘制 240 墙体同样的方法绘制 120 墙体,只需修改多线样式为"120"即可。

(3)编辑墙体

通过多线绘制的墙体,在两项墙体相交处重叠或者不闭合,故需要对其进行编辑,多线命令绘制的多线有专门的编辑命令:多线编辑。

①命令:MLEDIT。

②菜单:修改(M) ▶ 对象(O) ▶ 多线(M)...。

③鼠标左键双击任意多线即可打开【多线编辑工具】对话框,详见图 4-15。

图 4-15 多线编辑工具

命令：_MLEDIT

选择第一条多线：

选择第二条多线：

选择第一条多线 或 [放弃(U)]：

选择第二条多线：

注意：常用的多线编辑方式有【角点结合】、【T 形打开】、【十字打开】等，但【T 形打开】在选择多线的时候应先选择 T 形的腹板，再选择翼缘，顺序不同将产生不同的效果。其他编辑方式跟选择多线顺序无关。此命令为连续操作命令，即一次可以连续编辑多个同类型的多线。但有些多线相交处不符合任一种多线编辑方式，只能把该处多线分解后再修剪，详见图 4-16。

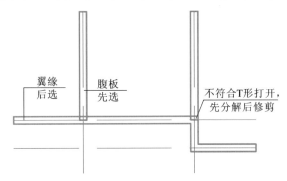

图 4-16 多线编辑特例

4.3.3 绘制柱子

⑤、⑥轴交Ⓑ、Ⓒ轴处的柱子截面尺寸为 450mm×450mm，其余均为 400mm×400mm，柱沿轴线居中或一侧与墙齐平，详见图 4-1。

绘制柱子选用【矩形】+【填充】+【移动】命令来完成。

（1）绘图命令

①用填充图案、实体填充或渐变填充，填充封闭区域或选定对象

a. 命令：H（HATCH）。

b. ❀ 工具栏：绘图 📭 。

c. ❀ 菜单：绘图（D）➤ 图案填充（H）...。

②在指定方向上按指定距离移动对象

a. 命令：M（MOVE）。

b. ❀ 工具栏：修改 ➕ 。

c. ❀ 菜单：修改（M）➤ 移动（V）。

d. 快捷菜单：选择要移动的对象，并在绘图区域中单击鼠标右键，单击"移动"。

③创建对象的镜像图像副本

a. 命令：MI（MIRROR）。

b. ❀ 工具栏：修改 🔼 。

c. ❀ 菜单：修改（M）➤ 镜像（I）。

选择对象：（使用对象选择方法并按【Enter】键结束命令）

指定镜像线的第一点：

指定镜像线的第二点：（指定的两个点将成为直线的两个端点，选定对象相对于这条直线被镜像）

要删除源对象吗？［是（Y）/否（N）］＜否＞：

（输入 Y 或 N，或按【Enter】键。是：将镜像的图像放置到图形中并删除原始对象。否：将镜像的图像放置到图形中并保留原始对象）

注意：默认情况下，镜像文字对象时，不更改文字的方向。如果确实要反转文字，可将 MIRRTEXT 系统变量设置为 1。

（2）绘制柱子

①用【矩形】命令绘制 400mm×400mm 的柱，绘制时以左下角（①轴交Ⓑ轴）的墙体外边线为正方形柱的起点。

②填充柱子。

命令：H（HATCH）（填充可以采用墙柱图层，也可以单独设置一个填充图层）

单击【图案】后的【…】，在弹出的【填充图案选项板】里选择【其他预定义】，选择第一个【SOLID】图案

拾取内部点或［选择对象（S）/删除边界（B）］：

正在选择所有对象...　　（单击右侧【边界】 ➕ 添加:拾取点(K) ，然后用鼠标单击柱子内部任一点）

正在选择所有可见对象...

正在分析所选数据...

正在分析内部孤岛...

拾取内部点或［选择对象（S）/删除边界（B）］：

填充操作详见图 4-17、图 4-18。

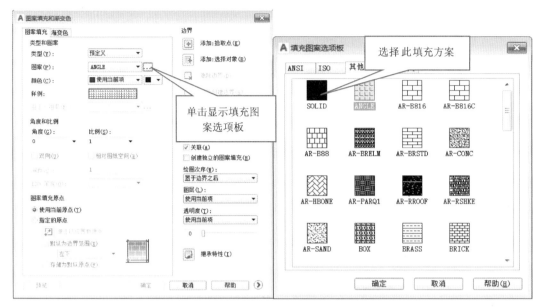

图 4-17 填充图案选择

图 4-18 填充柱子

(3)【复制】+【移动】+【镜像】命令完成其他柱子的绘制

以左下角的柱子的左下角点为基点复制出其他柱子。然后选中③、④轴的柱子,将其移动到合适的位置。

命令:M(MOVE)

选择对象:指定对角点:找到 11 个 （同时选择两个柱子）

选择对象:

指定基点或 [位移(D)] <位移>：

指定第二个点或 <使用第一个点作为位移>:(指定第一个柱子的水平边的中点为基点,拖动鼠标捕捉轴线上的垂足即可)

柱子移位详见图 4-19。

图 4-19 柱子移位

由于©、Ｅ轴的柱子和Ｂ轴的对称,故可以通过镜像来实现。如镜像©轴的柱子,首先做一条连接Ｂ、©轴的辅助线,镜像时以辅助线的中点为第一点,水平拖动鼠标,将除第一点以外的任一水平点作为第二点,进行镜像。

命令:MI(MIRROR)

找到 41 个

指定镜像线的第一点:(辅助线中点)

指定镜像线的第二点:(水平拖动鼠标点击任意一点)

要删除源对象吗?[是(Y)/否(N)]<N>:(不删除源对象)

柱子镜像详见图 4-20。

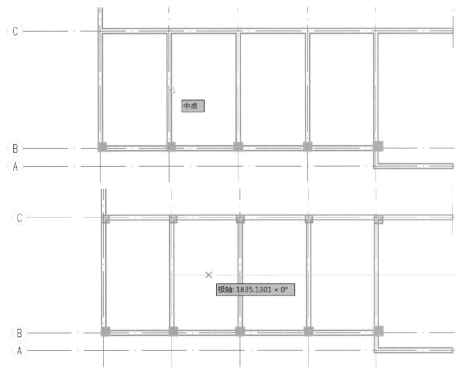

图 4-20 柱子镜像

将⑤轴交Ⓑ、Ⓒ轴处的柱子尺寸改为 450mm×450mm,最终得到柱子平面布置图,详见图 4-21。

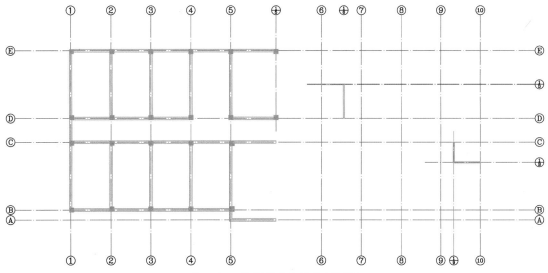

图 4-21 柱子平面布置图(局部)

4.3.4 墙体开洞

利用【直线】+【复制】(或者【偏移】)+【剪切】命令开门窗洞口。可以偏移轴线得到门窗边界，也可以用直线命令直接绘制门窗的边界线。墙体开洞后可以以⑩轴为对称轴采用镜像命令得到完整墙柱平面布置图，详见图 4-22。

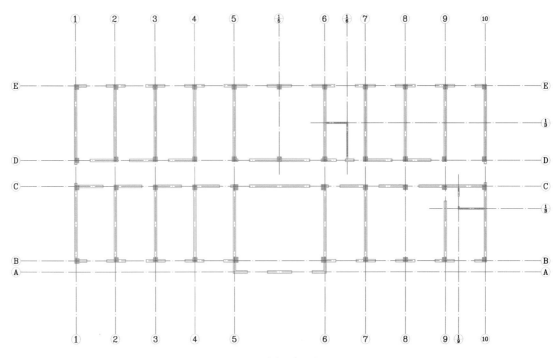

图 4-22　墙柱平面布置图

 重点难点汇总

(1)采用多线样式设置墙体时，要注意封口，否则后期开洞需要单独封口，采用多线绘制墙体时，应注意修改比例，默认值为 20，需改为 1。

(2)绘制墙体后，一定记得把状态栏的【线宽】项打开，查看墙体是否为粗线。

(3)采用多线绘制的墙体先采用多线编辑命令进行编辑，然后开门窗洞口，最后对无法完成编辑的墙体，采用分解命令进行分解再编辑。在完成多线编辑前不要轻易分解多线，否则后期开门窗洞口时会比较麻烦。

 **命令详解**

(1)多线样式设置墙体：MLST(MLSTYLE)→添加→样式名称：240→封口→偏移→将 0.5 改为 120，−0.5 改为 −120→确定。

(2)多线绘制墙体：ML(MLINE)→对正(J)→ 无→比例(S)→1。

（3）多线编辑：MLEDIT 或双击任一条多线。【T 形打开】要先选择腹板再选择翼缘。

（4）矩形命令绘制柱：REC(RECTANG)→指定第一个角点（鼠标左键在任意空白处点一下）→指定其他的角点：400,400（要打开动态输入）。

（5）填充：H(BHATCH)→图案→其他预定义→SOLID→拾取内部点→确定。

（6）镜像：MI(MIRROR)→选择对象→指定镜像（对称）线的第一点：→指定镜像线的第二点：→是否删除源对象？［是(Y)/否(N)］＜否＞：N。如果是沿某一固定角度方向镜像，只要这两个点在同一角度方向上即可。

4.4　绘制门窗

4.4.1　门窗绘图设置与命令

4.4.1.1　多线样式设置

前面绘制墙体使用了多线命令，绘制窗也可以采用多线命令，只是【图元】需要偏移四条线。具体操作同前面墙体多线的定义方式，在【新建多线样式：窗】对话框中，不勾选【封口】及【填充】选项，只对【图元】进行设置，详见图 4-23。

将【图元】下方的【偏移】值进行修改，选中默认数字 0.5，在下方的【偏移】里改为 120；选中默认数字－0.5，在下方的【偏移】里改为－120；

绘制门窗

图 4-23　新建窗多线样式

单击【添加】两次,偏移值分别改成 40 和－40,点击【确定】键返回【多线样式】对话框,可在下面的预览窗口中显示该多线样式的预览情况。

1.1.1.2 绘图命令

(1)根据选定对象创建块定义

①命令:B(BLOCK)。

② 🐾 工具栏:绘图 🔲 。

③ 🐾 菜单:绘图(D) ➤ 块(K) ➤ 创建(M)...。

(2)将图形或命名块放到当前图形中,在插入图块的过程中,可指定图块的缩放比例、旋转角度等参数

①命令:I(INSERT)。

② 🐾 工具栏:插入 🔲 。

③ 🐾 菜单:插入(I) ➤ 块(B)...。

(3)创建二维多段线

①命令:PL(PLINE)。

② 🐾 工具栏:绘图 🔲 。

③ 🐾 菜单:绘图(D) ➤ 多段线(P)。

指定起点:(指定点)

当前线宽为 <当前值>指定下一个点或[圆弧(A)/关闭(C)/半宽(H)/长度(L)/放弃(U)/宽度(W)];

(指定点或输入选项,注意必须至少指定两个点才能使用"闭合"选项。圆弧(A):将弧线段添加到多段线中;宽度(W):指定下一条直线段的宽度)

指定起点宽度 <当前>:(输入值或按【Enter】键)

指定端点宽度 <起点宽度>:(输入值或按【Enter】键)

注意:多段线与直线有所不同。第一,直线只能是直线,而多段线可以是直线与曲线,例如直线与弧线的联合体。第二,直线的线宽是一样的,但是多段线的线宽可以一样,也可以不一样,可以调整开始线宽和末尾线宽使多段线的粗细不一致。

多段线转化为直线,输入炸开命令"X",选择要转化的多段线即可;直线想转为多段线,可以输入命令"PE",选择多个命令"M",然后根据提示将直线转化为多段线。

多线多用于绘制几条平行线;多段线是连接的单线线条,可以通过命令绘制直线、弧线等,绘制完的图形是一个整体,主要用于勾勒,而且可以设置宽度,如绘制箭头就很方便。

(4)创建圆弧

①命令:ARC。

② 🐾 工具栏:绘图 🔲

③ 🐾 菜单:绘图(D) ➤ 圆弧(A) ➤ 三点(P)。

经典界面绘制圆弧可以从【绘图】菜单中选择,注释与草图界面绘制圆弧可以在工具栏中选择,详见图 4-24。

注意:角度均以逆时针为正。

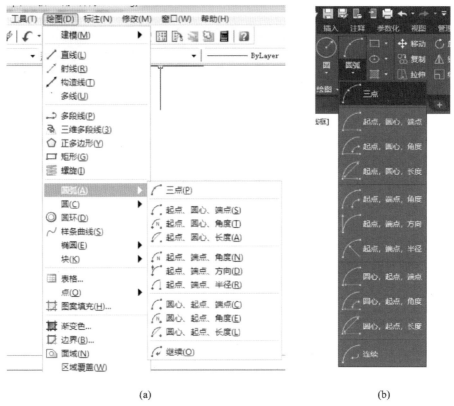

(a)　　　　　　　　　　　　　　　(b)

图 4-24　两种圆弧命令选择方式

(a)经典界面；(b)注释与草图界面

4.4.2　绘制窗

(1)采用多线的方式绘制窗

采用多线的方式绘制窗应选择【窗】图层。

命令：ML(MLINE)

当前设置：对正 = 无,比例 = 1.00,样式 = CHUANG　(使用窗多线样式)

指定起点或［对正(J)/比例(S)/样式(ST)］:

指定下一点:

指定下一点或［放弃(U)］:

注意：若前面设置过对正方式和比例,后面操作将默认前面的设置。多线命令绘制窗详见图 4-25。

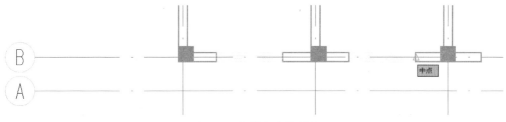

图 4-25　多线命令绘制窗

（2）采用插入窗块的方式绘制窗

①创建窗块

选择【0】图层，在该图层创建块后，当块插入到相应图层的图形中时，会自动变成该图层的图形。当然此处也可采用【窗】图层来做块。本任务需要绘制 1000 单位长的窗，这样在插入的时候方便修改比例，因为一般窗的尺寸为 1000 的倍数。

命令：L(LINE)

指定第一点：

指定下一点或［放弃(U)］：1000

指定下一点或［放弃(U)］：

命令：O(OFFSET)

当前设置：删除源＝否　图层＝源　OFFSETGAPTYPE＝0

指定偏移距离或［通过(T)/删除(E)/图层(L)］＜通过＞：　80

选择要偏移的对象，或［退出(E)/放弃(U)］＜退出＞：

指定要偏移的那一侧上的点，或［退出(E)/多个(M)/放弃(U)］＜退出＞：

选择要偏移的对象，或［退出(E)/放弃(U)］＜退出＞：

指定要偏移的那一侧上的点，或［退出(E)/多个(M)/放弃(U)］＜退出＞：

选择要偏移的对象，或［退出(E)/放弃(U)］＜退出＞：

指定要偏移的那一侧上的点，或［退出(E)/多个(M)/放弃(U)］＜退出＞：

指定下一点或［放弃(U)］：

创建窗块：

命令：B(BLOCK)(弹出块定义对话框，【名称】输入 CHUANG)

选择对象：

指定对角点：找到 4 个(单击 ✛ 选择对象(T)，回到绘图界面，选择绘制好的四条线)

指定插入基点：(单击 🔲 拾取点(K) 选择最外侧边两条线的任一端点作为基点)

创建窗块详见图 4-26。

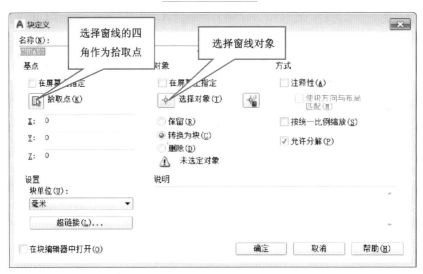

图 4-26　创建窗块

②插入窗

命令：I(INSERT)。

在弹出的【插入】对话框中按如下操作：名称下拉列表中选择【CHUANG】块；在【比例】项中的 X 行输入 1.8，单击【确定】按钮；在对应位置插入即可。注意 AutoCAD 的早期版本的插入块与中望 CAD 2022 版基本相同，不同 CAD 软件插入块的方式详见图 4-27、图 4-28。

图 4-27　AutoCAD 2020 版插入块

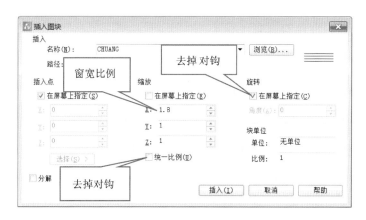

图 4-28　中望 CAD 2022 版插入块

指定插入点或[基点(B)/比例(S)/X/Y/Z/旋转(R)]：(拾取窗口的左下角作为插入点)

插入竖向(Y 向)窗时在 ▨90 角度 中应填入 90，但【比例】仍是在 X 行输入数值，而不是在 Y 行。

本任务⅛轴交 ⓒ、ⓓ 轴左侧为高窗，窗线要采用虚线，因此要注意加载虚线，并采用【特性】调整线型比例，具体操作参照轴线。

4.4.3 绘制门

平面图中,门的开启方向下为外、上为内,门开启线角度为 90°、60°或 45°。本任务绘制的门均为 90°,同样的门可以复制,不同开启方向的门可采用镜像的方式来绘制。

(1)使用多段线命令绘制门。

命令:PL(PLINE)

指定起点:(捕捉门洞开启处墙宽中点)

当前线宽为 0.00

指定下一个点或[圆弧(A)/半宽(H)/长度(L)/放弃(U)/宽度(W)]:W(设置门的厚度)

指定起点宽度 <0.0000>:50(起点处宽度设置为门板厚度 50)

指定端点宽度 <50.0000>:(直接回车表示端点宽度也为 50)

指定下一个点或[圆弧(A)/半宽(H)/长度(L)/放弃(U)/宽度(W)]:1000(指定门的宽度)

指定下一点或[圆弧(A)/闭合(C)/半宽(H)/长度(L)/放弃(U)/宽度(W)]:A(绘制门的开启线)

指定圆弧的端点或[角度(A)/圆心(CE)/闭合(CL)/方向(D)/半宽(H)/直线(L)/半径(R)/第二个点(S)/放弃(U)/宽度(W)]:W(修改线宽)

指定起点宽度 <50.0000>:0

指定端点宽度 <0.0000>:

指定圆弧的端点或[角度(A)/圆心(CE)/闭合(CL)/方向(D)/半宽(H)/直线(L)/半径(R)/第二个点(S)/放弃(U)/宽度(W)]:CE(选择绘制弯弧的方式)

指定圆弧的圆心:(弯弧的圆心一般位于门洞开启处墙宽中点处)

指定圆弧的端点或[角度(A)/长度(L)]:

指定圆弧的端点或[角度(A)/圆心(CE)/闭合(CL)/方向(D)/半宽(H)/直线(L)/半径(R)/第二个点(S)/放弃(U)/宽度(W)]:

命令:指定对角点:(指定门洞口另一端墙宽的中点)

命令:＊取消＊

注意:如果圆弧起点到端点为逆时针 90°,可以按照上述操作完成;如果圆弧起点到端点为顺时针 90°,则应选择[角度(A)],并输入-90°。具体操作如下。

命令:PL(PLINE)

指定起点:(捕捉门洞开启处墙宽中点)

当前线宽为 0.00

指定下一个点或[圆弧(A)/半宽(H)/长度(L)/放弃(U)/宽度(W)]:W(设置门的厚度)

指定起点宽度 <0.0000>:50(起点处宽度设置为门板厚度 50)

指定端点宽度 <50.0000>:(直接回车表示端点宽度采用<50.0000>中的 50)

指定起点宽度 <0.0000>:50

指定下一个点或[圆弧(A)/半宽(H)/长度(L)/放弃(U)/宽度(W)]:1000

指定下一点或［圆弧(A)/闭合(C)/半宽(H)/长度(L)/放弃(U)/宽度(W)］：A

指定圆弧的端点或［角度(A)/圆心(CE)/闭合(CL)/方向(D)/半宽(H)/直线(L)/半径(R)/第二个点(S)/放弃(U)/宽度(W)］：W

指定起点宽度＜50.0000＞：0

指定端点宽度＜0.0000＞：

指定圆弧的端点或［角度(A)/圆心(CE)/闭合(CL)/方向(D)/半宽(H)/直线(L)/半径(R)/第二个点(S)/放弃(U)/宽度(W)］：CE

指定圆弧的圆心：

指定圆弧的端点或［角度(A)/长度(L)］：A

指定包含角：－90

采用多段线绘制门的操作要点详见图 4-29。

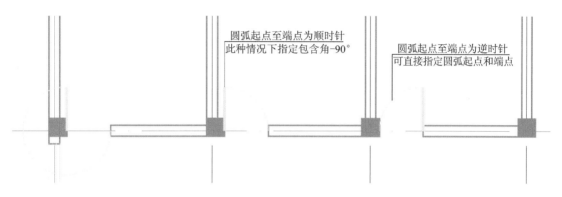

图 4-29　多段线绘制门的操作要点

(2)使用多段线和圆弧命令绘制门。

命令：PL(PLINE)（绘制门板）

指定起点：

当前线宽为 0.0000

指定下一个点或［圆弧(A)/半宽(H)/长度(L)/放弃(U)/宽度(W)］：W(设置门的厚度)

指定起点宽度＜0.0000＞：50

指定端点宽度＜50.0000＞：

指定下一个点或［圆弧(A)/半宽(H)/长度(L)/放弃(U)/宽度(W)］：1000

指定下一点或［圆弧(A)/闭合(C)/半宽(H)/长度(L)/放弃(U)/宽度(W)］：

命令：A(绘制开启线)

ARC 指定圆弧的起点或［圆心(C)］：C

指定圆弧的圆心：

指定圆弧的起点：

指定圆弧的端点或［角度(A)/弦长(L)］：

命令：指定对角点：

采用此种方法的优点是多段线改一次线宽即可，圆弧不需修改线宽，默认即可，且绘制圆弧时只需指定圆心，就可以按逆时针方向指定圆弧的起点和端点。

将对称轴左侧的门窗全部绘制完成后就可以通过镜像命令得到全图,最后把不同之处修改完善一下,门窗平面布置图详见图 4-30。

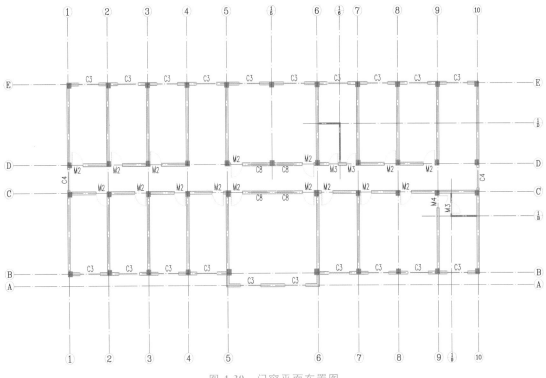

图 4-30   门窗平面布置图

 重点难点汇总

(1)采用创建块的方式绘制窗时,图层一般为 0 层,窗的宽度为 1000mm;插入窗时,只需修改 X 方向的缩放值,Y、Z 方向的缩放值默认即可,当窗为 Y 方向时旋转角度为 90°。

(2)用多线绘制窗时,240mm 墙厚要添加数值为 40、—40 的两条线。

(3)绘制门时,当门的大小一致,只是开启方向不一致时,可以采用旋转、镜像及复制命令来实现。

 命令详解

(1)创建块:创建窗 B(BLOCK)→指定基点:(窗的四个角点中的任一点均可)→选择对象:(全选)→确定。

(2)插入块:插入窗 I(INSERT)→把【在屏幕上指定】前的对钩去掉,X 方向按实际填入缩放数值,Y、Z 方向不需要修改→旋转,把【在屏幕上指定】前的对钩去掉,如果是水平方向就默认数值 0,如果是竖直方向则填入数值 90。

(3)移动:M(MOVE)→选择对象→指定基点或〔位移(D)〕→指定第二点的位移。基点可以根据具体需要选择被移动对象上的特殊点,也可选择空白处;第二点可以捕捉特殊点,也可输入具体数值。

4.5　绘制楼梯

4.5.1　楼梯绘图设置

绘制楼梯

楼梯线为多根平行线,可以采用【偏移】命令绘制,但速度相对较慢,而【阵列】命令是更有效的绘图命令。

(1)创建按指定方式排列的多个对象副本,选择相应的选项可以创建矩形或环形阵列。

①命令:AR(ARRAY)。

② 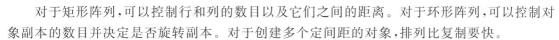 工具栏:修改 ▦ 。

③ 菜单:修改(M) ≫ 阵列(A)...。

对于矩形阵列,可以控制行和列的数目以及它们之间的距离。对于环形阵列,可以控制对象副本的数目并决定是否旋转副本。对于创建多个定间距的对象,排列比复制要快。

创建环形阵列时,阵列按逆时针或顺时针方向绘制,这取决于设置填充角度时输入的是正值还是负值。阵列的半径由指定中心点与参照点或与最后一个选定对象上的基点之间的距离决定。可以使用默认参照点(通常是与捕捉点重合的任意点),或指定一个要用作参照点的新基点。

(2)在两点之间打断选定对象

①命令:BR(BREAK)。

② 工具栏:修改 ▢ 。

③ 菜单:修改(M) ≫ 打断(K)。

选择对象:(指定对象上的第一个打断点,选择对象并将选择点视为第一个打断点,在下一个提示下,可以继续指定第二个打断点或替换第一个打断点)

指定第二个打断点或 [第一点(F)]:(指定第二个打断点或输入 F,若输入 F,则重新指定第一个打断点替换原来的第一个打断点)

执行该命令后两个指定点之间的对象部分将被删除,如果第二个点不在对象上,将选择对象上与该点最接近的点。因此,要打断直线、圆弧或多段线的一端,可以在要删除的一端附近指定第二个打断点。

直线、圆弧、圆、多段线、椭圆、样条曲线、圆环以及其他几种对象类型都可以拆分为两个对象或将其中的一端删除。程序将按逆时针方向删除圆上第一个打断点到第二个打断点之间的部分,从而将圆转换成圆弧。

(3)绘制箭头

箭头使用【多段线】命令来绘制,设置多段线的线宽时,起点宽度设置为 0,端点宽度设置为 80,绘制长度为 300,然后再把线宽设置为 0。

(4)围绕基点旋转对象

①命令:RO(ROTATE)

② 工具栏:修改 ◎ 。

③ 菜单:修改(M) ≫ 旋转(R)。

④快捷菜单:选择要旋转的对象,在绘图区域中单击鼠标右键,单击"旋转"。

选择对象：（使用对象选择方法并在完成选择后按【Enter】键）

指定基点：（指定点）

指定旋转角度或［复制(C)/参照(R)］：（输入角度或指定点，或者输入 C 或 R）

4.5.2 楼梯绘图过程

4.5.2.1 绘制楼梯线

(1)绘制楼梯梯段线

绘制距①轴 780mm 的第一条梯段线，长 1600mm。

命令：L（LINE）

指定第一个点：780 （鼠标左键捕捉①轴与墙右侧边线的交点，但不要单击鼠标，然后向上拖动鼠标，会出现一条竖直的虚线，输入 780，找到所绘制的第一条梯段线的第一个点）

指定下一点或［放弃(U)］：1600 （水平方向拖动鼠标，输入 1600，绘制出第一条梯段线）

指定下一点或［放弃(U)］：

同样的方法绘制出另一侧对应的梯段线，详见图 4-31。

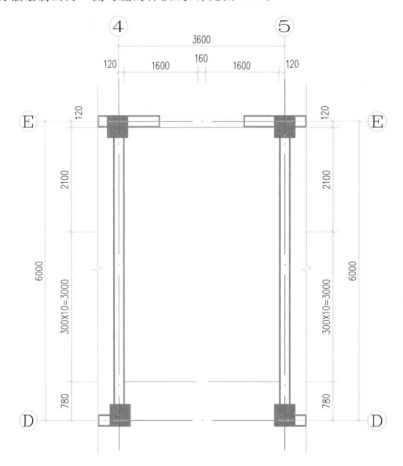

图 4-31 绘制梯段线

(2)阵列出其他梯段线

命令：AR(ARRAY)

选择对象:找到 2 个

选择对象:输入阵列类型［矩形（R）/路径（PA）/极轴（PO）］＜矩形＞:R

类型 ＝ 矩形 关联 ＝ 是

选择夹点以编辑阵列或［关联（AS）/基点（B）/计数（COU）/间距（S）/列数（COL）/行数（R）/层数（L）/退出（X）］＜退出＞:COL

输入列数数或［表达式（E）］＜4＞:1

指定列数之间的距离或［总计（T）/表达式（E）］＜2310＞:

选择夹点以编辑阵列或［关联（AS）/基点（B）/计数（COU）/间距（S）/列数（COL）/行数（R）/层数（L）/退出（X）］＜退出＞:R

输入行数数或［表达式（E）］＜3＞:11

指定行数之间的距离或［总计（T）/表达式（E）］＜1＞:300

指定行数之间的标高增量或［表达式（E）］＜0＞:

选择夹点以编辑阵列或［关联（AS）/基点（B）/计数（COU）/间距（S）/列数（COL）/行数（R）/层数（L）/退出（X）］＜退出＞:

也可以将【阵列】命令改为经典模式,这种模式更加直观易操作,具体操作如下:工具→自定义→编辑程序参数→AR,＊ARRAY→AR,＊ARRAYCLASSIC→保存→重启 CAD 软件。【阵列】命令改经典模式的具体操作详见图 4-32。

图 4-32 【阵列】命令改为经典模式

　　【阵列】经典模式应注意行和列的区别。本任务均为水平方向的平行线,故是 11 行、1 列,【偏移距离和方向】中所填的是【行偏移】为 300,即踏步的宽度值。因为只有 1 列,故【列偏移】数值为多少对结果都没有影响,角度默认为 0 即可。具体操作详见图 4-33。

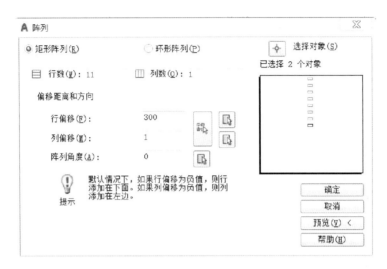

图 4-33　【阵列】经典模式操作界面

　　(3)矩形命令绘制梯井,偏移栏杆并修剪

　　命令:REC (RECTANG)

　　指定第一个角点或 [倒角(C)/标高(E)/圆角(F)/厚度(T)/宽度(W)]:　(最下方梯段线的内端点)

　　指定另一个角点或 [面积(A)/尺寸(D)/旋转(R)]:　(最上方梯段线的内端点)

　　命令:O (OFFSET)

　　当前设置:删除源＝否　图层＝源　OFFSETGAPTYPE＝0

　　指定偏移距离或 [通过(T)/删除(E)/图层(L)] <通过>:60

　　命令:TR (TRIM)

　　当前设置:投影＝UCS,边＝无

　　选择剪切边...

　　选择对象或 <全部选择>:

　　选择要修剪的对象,或按住【Shift】键选择要延伸的对象,或

　　[栏选(F)/窗交(C)/投影(P)/边(E)/删除(R)/放弃(U)]:

　　指定对角点:选择要修剪的对象,或按住【Shift】键选择要延伸的对象,或 [栏选(F)/窗交(C)/投影(P)/边(E)/删除(R)/放弃(U)]:

　　4.5.2.2　绘制楼梯辅助图形

　　(1)绘制折断线

　　中望 CAD 可输入 BREAKLINE 命令,或者在【拓展工具】下的【绘图工具】里选择【折断线】绘制折断线,但要注意调整折断线的尺寸大小,详见图 4-34。

　　采用 AutoCAD 绘制折断线相对麻烦(图 4-35),具体过程如下。

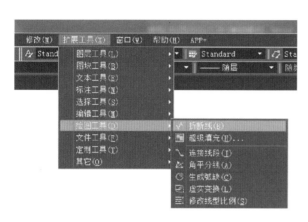

图 4-34　中望 CAD 绘制折断线

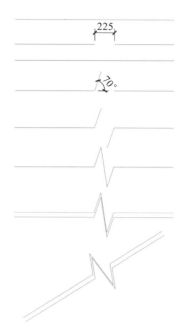

图 4-35　AutoCAD 绘制折断线

命令：L（LINE ）

指定第一点：

指定下一点或［放弃（U）］：1800（此值为大约值）

指定下一点或［放弃（U）］：

命令：BR（BREAK ）

选择对象：

指定第二个打断点 或［第一点（F）］：F　（选择第一点打断点）

指定第一个打断点：（第一点打断点在直线中点附近）

指定第二个打断点：225　（水平拖动鼠标并输入，此值为大约）

命令：L（LINE）

指定第一点：（连接两个打断后的端点）

指定下一点或［放弃（U）］：

指定下一点或［放弃（U）］：

命令：指定对角点：

命令：RO（ROTATE）（将前面的连线旋转一定的度数得到折断线的第一条斜线）

UCS 当前的正角方向：　ANGDIR＝逆时针　ANGBASE＝0

找到 1 个

指定基点：（以前面连线的第一个端点为基点）

指定旋转角度，或［复制（C）/参照（R）］＜30＞：70　（此值为大约值）

命令：指定对角点：

命令：CO（COPY）

找到 1 个　（复制折断线的第一条斜线得到第二条斜线）

当前设置： 复制模式 ＝ 多个

指定基点或［位移(D)/模式(O)］＜位移＞：指定第二个点或＜使用第一个点作为位移＞：

（基点为第一条折断线的上端点）

指定第二个点或［退出(E)/放弃(U)］＜退出＞：(第二点为前面连线的第二个端点)

命令：L(LINE)

指定第一点：

指定下一点或［放弃(U)］：（第一个点为第一条折断线的上端点）

指定下一点或［放弃(U)］：（第二个点为第二条折断线的下端点）

命令：指定对角点：

命令：CO(COPY)

找到 5 个 （复制折断线，变成双多段线）

当前设置： 复制模式 ＝ 多个

指定基点或［位移(D)/模式(O)］＜位移＞：指定第二个点或＜使用第一个点作为位移＞：50

指定第二个点或［退出(E)/放弃(U)］＜退出＞：

命令：RO(ROTATE)

UCS 当前的正角方向： ANGDIR＝逆时针 ANGBASE＝0

找到 10 个

指定基点：(可指定任一点)

指定旋转角度，或［复制(C)/参照(R)］＜70＞： 30

(2)将折断线移至楼梯中，并进行修剪

命令：M (MOVE) 找到 10 个

指定基点或［位移(D)］＜位移＞：

指定第二个点或 ＜使用第一个点作为位移＞：

命令：TR (TRIM)

当前设置：投影＝UCS,边＝无

选择剪切边...

选择对象或 ＜全部选择＞：

选择要修剪的对象,或按住【Shift】键选择要延伸的对象,或［栏选(F)/窗交(C)/投影(P)/边(E)/删除(R)/放弃(U)］：

选择要修剪的对象,或按住【Shift】键选择要延伸的对象,或［栏选(F)/窗交(C)/投影(P)/边(E)/删除(R)/放弃(U)］：

(3)绘制箭头(箭头起点宽度为 0,端点宽度为 80,长度 300)

命令：PL (PLINE)

指定起点：

当前线宽为 0

指定下一个点或［圆弧(A)/半宽(H)/长度(L)/放弃(U)/宽度(W)］：W

指定起点宽度 ＜0＞：

指定端点宽度 ＜0＞：80

指定下一个点或［圆弧(A)/半宽(H)/长度(L)/放弃(U)/宽度(W)］：300

指定下一点或［圆弧(A)/闭合(C)/半宽(H)/长度(L)/放弃(U)/宽度(W)］：W

指定起点宽度＜80＞：0

指定端点宽度＜0＞：

指定下一点或［圆弧(A)/闭合(C)/半宽(H)/长度(L)/放弃(U)/宽度(W)］：

命令：＊取消＊

命令：MI(MIRROR)

找到 1 个　（采用【镜像】命令得到另外一个箭头）

指定镜像线的第一点：

指定镜像线的第二点：

要删除源对象吗？［是(Y)/否(N)］＜N＞：

命令：BR (BREAK)　（把镜像得到的箭头多余部分打断并删除）

选择对象：

指定第二个打断点 或［第一点(F)］：

命令：

命令：E (ERASE)

找到 1 个

命令：指定对角点 或［栏选(F)/圈围(WP)/圈交(CP)］：

命令：

命令：S(STRETCH)

指定拉伸点或［基点(B)/复制(C)/放弃(U)/退出(X)］：

命令：＊取消＊

楼梯平面详图及布置图详见图 4-36、图 4-37。

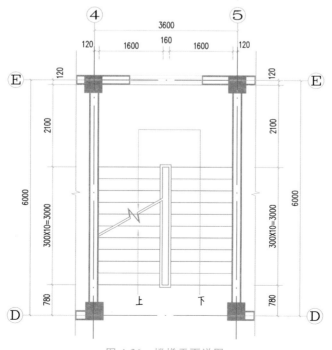

图 4-36　楼梯平面详图

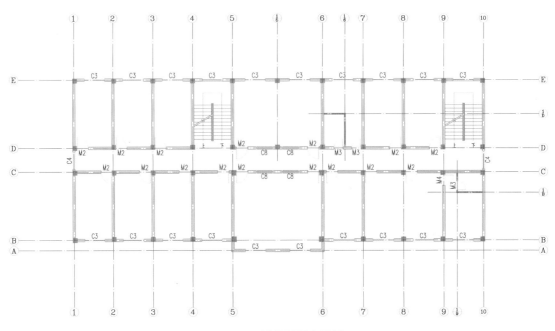

图 4-37　楼梯平面布置图

　重点难点汇总

（1）采用阵列命令时，注意有两种阵列方式：一种是新版本的命令行方式，另一种是传统的经典模式，经典模式下会弹出【阵列】对话框，较为直观。可通过修改程序参数的方式将命令行方式改为经典模式，具体方法为：工具→自定义→编辑程序参数→AR，＊ARRAY→AR，＊ARRAYCLASSIC→保存→重启 CAD 软件。

（2）绘制折断线时，如果采用中望 CAD，则可输入 BREAKLINE 命令，或者在【拓展工具】下的【绘图工具】里选择【折断线】，但要注意调整折断线的尺寸大小。

（3）采用多段线命令绘制箭头时，要注意箭头的长度和箭尾的宽度，一般两者的比值在 3.5～4 之间，另外箭头之后的线要用细线。

　命令详解

（1）阵列绘制楼梯踏步线：AR（ARRAY）：→选择对象：→输入阵列类型：R→选择夹点以编辑阵列或［关联（AS）/基点（B）/计数（COU）/间距（S）/列数（COL）/行数（R）/层数（L）/退出（X）］＜退出＞：COL→输入列数＜4＞：1→指定列间距或［总计（T）］＜2310.000000＞：→选择夹点以编辑阵列或［关联（AS）/基点（B）/计数（COU）/间距（S）/列数（COL）/行数（R）/层数（L）/退出（X）］＜退出＞：R→输入行数＜3＞：11→指定行间距或［总计（T）］＜1.000000＞：300→指定行之间的标高增量＜0.000000＞：→选择夹点以编辑阵列或［关联（AS）/基点（B）/计数（COU）/间距（S）/列数（COL）/行数（R）/层数（L）/退出（X）］＜退出＞。

（2）旋转：RO（ROTATE）→指定基点，基点可以是特殊点也可以是任一点→旋转需要的角度。

（3）折断线 BREAKLINE：→折线符号尺寸＜1＞：250→起点，终点，中点。该命令是中望

CAD 专有。

(4) 多段线绘制箭头:PL(PLINE)→指定起始宽度:0→指定终止宽度<0.0000>:80→长度:300→指定起始宽度 <80.0000>:0→指定终止宽度 <0.0000>:0。

4.6　标　　注

4.6.1　标注绘图设置

4.6.1.1　文字标注设置

前文已经设置文字标注,需注意的是文字用已定义的【汉字】字体,数字及字母等用已定义的【非汉字】字体,字高要符合制图标准相关要求。

标注

4.6.1.2　尺寸标注设置

尺寸标注要符合制图标准的相关要求,请参照任务 1 的要求进行设置。

(1)标注样式设置

①出图比例为 1∶100 时的标注样式设置

a.命令:D(DIMSTYLE)。

b. 🕸 工具栏:样式 📐 。

c. 🕸 菜单:在命令提示下,输入 DIMSTYLE。

d. 🕸 菜单:"标注" ➤ "标注样式"。

在进行标注样式设置时,有些选项的数值为区间值,如【基线间距】、【超出尺寸线】、【起点偏移量】、【固定长度尺寸界线】、【箭头大小】、【文字高度】等,可以结合制图标准,按照自己的需求进行设置,"标注样式:100"的新建、修改详见图 4-38 至图 4-43。

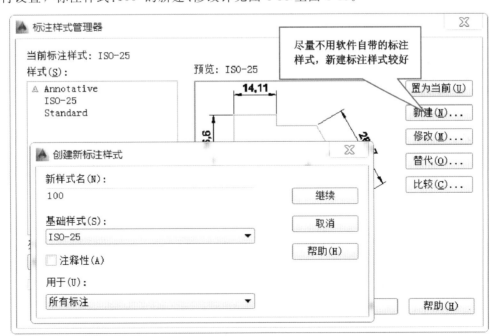

图 4-38　新建标注样式"100"

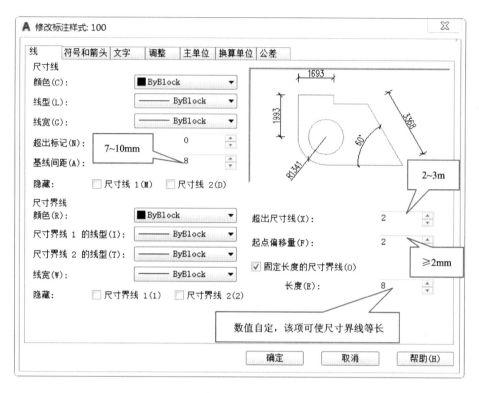

图 4-39　修改标注样式:100—线

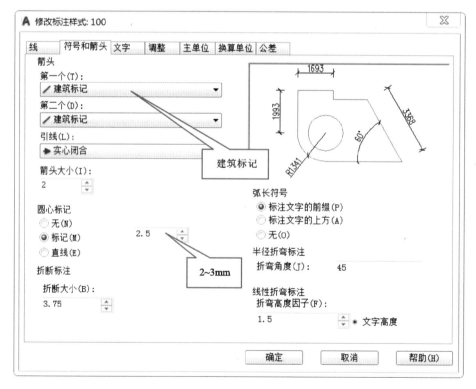

图 4-40　修改标注样式:100—符号和箭头

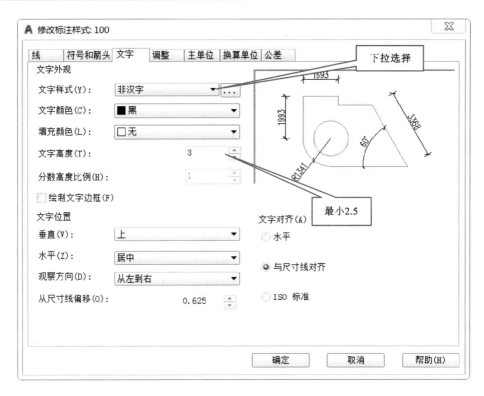

图 4-41 修改标注样式:100—文字

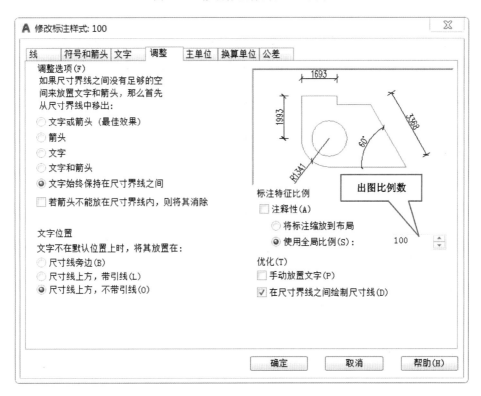

图 4-42 修改标注样式:100—调整

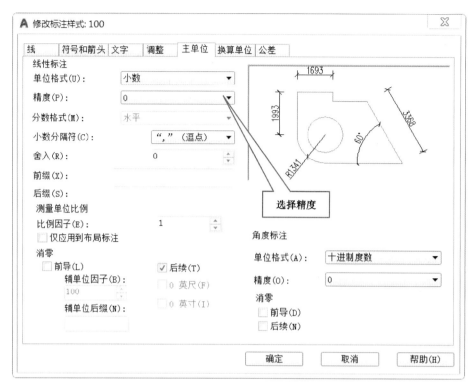

图 4-43　修改标注样式：100—主单位

对于角度、直径及半径标注，一般箭头不用"建筑标记"，而采用"箭头"，故可以按照以下方式设置：单击【标注样式管理器】对话框中【新建】按钮，以前面设置好的标注样式"100"为基础样式，无须修改名称，从弹出的【创建新标注样式】对话框下面的【用于】下拉菜单里选择【角度标注】（或者【直径标注】、【半径标注】），点击【继续】按钮后再修改【符号和箭头】里的【箭头】选项，将建筑标记改为箭头即可，详见图 4-44、图 4-45。

图 4-44　新建"副本 100"标注样式

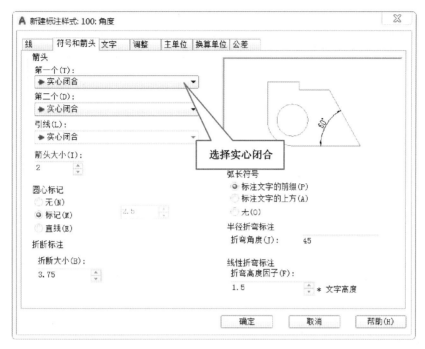

图 4-45 新建标注样式：100：角度—符号和箭头

②同一图框中出图比例不同时的标注样式设置

第一种方法：同一图框中有两种不同出图比例的图形时，比如在出图比例 1∶100 的平面图中还包括一个出图比例为 1∶20 的详图，那么需要设置两个不同的标注样式，1∶100 的标注样式前文已经设置完毕，需要再新建一个 1∶20 的标注样式。仍以前面设置好的标注样式"100"为基础样式，新建一个标注样式"20"。此标注样式的设置与标注样式"100"基本相同，只需要修改【调整】里的【全局比例】为 20 即可。此时大比例图仍然按照 1∶1 绘制，用标注样式"20"来标注，标注完后把图形做成块，用【缩放】命令放大 5 倍即可。标注样式设置详见图 4-46、图 4-47。

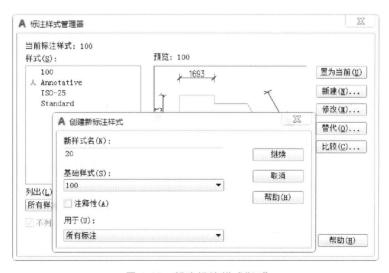

图 4-46 新建标注样式"20"

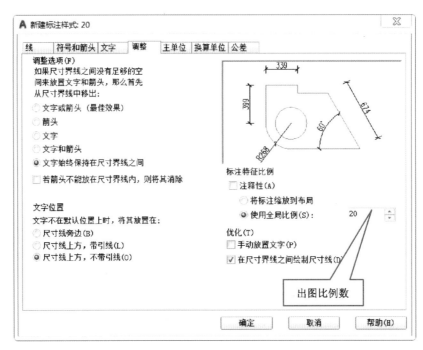

图 4-47 新建标注样式：20—调整

第二种方法：新建一个新的标注样式。仍以前面设置好的标注样式"100"为基础样式，新建一个标注样式"新 100"，只需要把【主单位】里的【比例因子】设为 0.2 即可。此时大比例图仍然按照 1：1 绘图，绘制好以后，把图整体用【缩放】命令放大 5 倍，再用标注样式"新 100"标注即可，详见图 4-48。

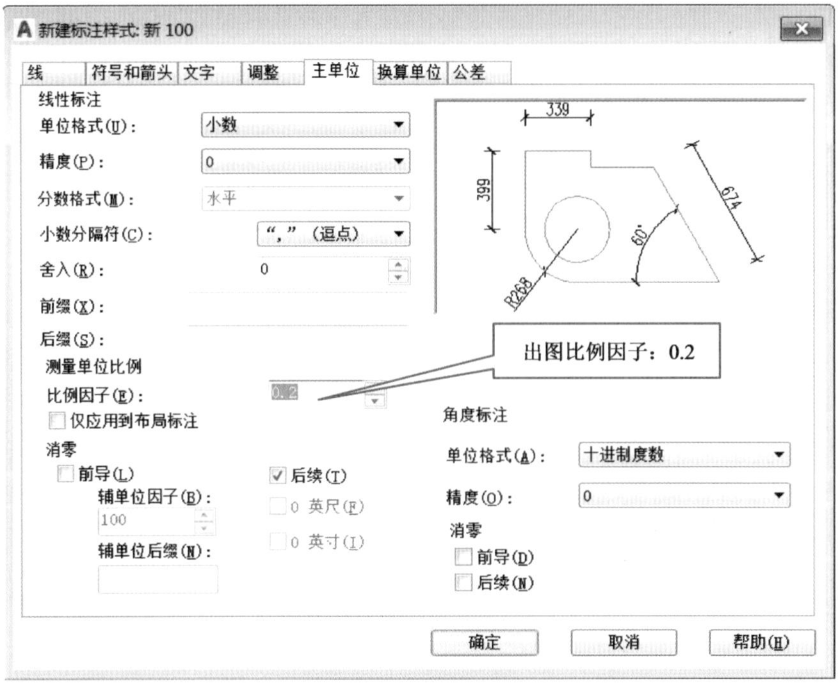

图 4-48 新建标注样式：新 100—主单位

(2)创建线性标注

①命令:DLI(DIMLINEAR)。

② 🔊 工具栏:标注 📷 。

③ 🔊 菜单:标注(N) ➤ 线性(L)。

指定第一条尺寸界线原点或 ＜选择对象＞:(指定点或按【Enter】键选择要标注的对象)

指定尺寸界线原点或要标注的对象后,将显示下面的提示:

指定尺寸线位置或［多行文字(M)/文字(T)/角度(A)/水平(H)/垂直(V)/旋转(R)］:(指定点或输入选项)

(3)从上一个标注或选定标注的第二条尺寸界线处创建线性标注、角度标注或坐标标注

①命令:DCO(DIMCONTINUE)。

② 🔊 工具栏:标注 📷 。

③ 🔊 菜单:标注(N) ➤ 连续(C)。

如果当前任务中未创建任何标注,将提示用户选择线性标注、坐标标注或角度标注,以用作连续标注的基准。

(4)从上一个标注或选定标注的基线处创建线性标注、角度标注或坐标标注

①命令:DBA(DIMBASELINE)。

② 🔊 工具栏:标注 📷 。

③菜单:标注(N) ➤ 基线(B)。

如果当前任务中未创建任何标注,将提示用户选择线性标注、坐标标注或角度标注,以用作基线标注的基准。

(5)创建对齐线性标注

①命令:DAL(DIMALIGNED)。

② 🔊 工具栏:标注 📷 。

③ 🔊 菜单:标注(N) ➤ 对齐(G)。

指定第一条尺寸界线原点或＜选择对象＞:(指定手动尺寸界线的点,或按【Enter】键使用自动尺寸界线)

指定手动或自动尺寸界线后,显示下列提示:

指定尺寸线位置或［多行文字(M)/文字(T)/角度(A)］:(指定点或输入选项)

(6)创建圆和圆弧的半径标注

①命令:DRA(DIMRADIUS)。

② 🔊 工具栏:标注 📷 。

③ 🔊 菜单:标注(N) ➤ 半径(R)

DIMRADIUS 命令测量选定圆弧或圆的半径,并显示前面带有一个半径符号的标注文字。

(7)创建圆和圆弧的直径标注

①命令:DDI(DIMDIAMETER)。

② 🔊 工具栏:标注 📷 。

③ 🔊 菜单:标注(N) ➤ 直径(D)。

DIMDIAMETER 命令测量选定圆或圆弧的直径,并显示前面带有直径符号的标注文字。

(8)创建角度标注

①命令:DAN(DIMANGULAR)。

② ✿ 工具栏:标注 ◿ 。

③ ✿ 菜单:标注(N) ➤ 角度(A)。

选择圆弧、圆、直线或 ＜指定顶点＞:(选择圆弧、圆、直线,或按【Enter】键通过指定三个点来创建角度标注)

定义要标注的角度之后,将显示下列提示:

指定标注弧线位置或［多行文字(M)/文字(T)/角度(A)/象限(Q)］:

(9)快速创建标注

①命令:QDIM。

② ✿ 工具栏:标注 ▨ 。

③ ✿ 菜单:标注(N) ➤ 快速标注(Q)。

使用 QDIM 命令快速创建或编辑一系列标注。创建系列基线或连续标注,或者为一系列圆或圆弧创建标注时,此命令特别有用。

(10)创建连接注释与几何特征的引线

命令:LE(LEADER)。

建议通过 MLEADER 命令使用可用的流程来创建引线对象。

(11)创建连接注释与几何特征的引线

①命令:MLE(MLEADER)。

② ✿ 工具栏:多重引线 ▢ 。

③ ✿ 菜单:标注(N) ➤ 多重引线(E)。

④ ✿ 面板:"多重引线"面板 ➤ "多重引线"。

多重引线创建时可选择箭头优先、引线基线优先或内容优先。如果已使用多重引线样式,则可以从该指定样式创建多重引线。

标注的命令记起来相对难些,可通过打开标注工具条来使用这些命令。

4.6.2 文字标注

本任务只需要把平面图中所用的文字注写上去即可,主要包括房间名称、门窗编号、楼梯上下、必要的标高、图名及比例。注写时可以采用多行文字,也可采用单行文字。

4.6.3 尺寸标注

外部尺寸标注包括三道尺寸线,最外面一道为总尺寸,标注平面总长,中间一道为轴线之间长度,主要为房间的开间和进深,最里面一道为细部尺寸,主要标注门洞口及墙体尺寸。标注时先标注最里面的细部尺寸,用【线性标注】+【连续标注】命令,中间轴线尺寸用【基线标注】+【连续标注】命令,最外面总尺寸用【基线标注】命令,并进行局部调整。

标注之前首先采用拉伸命令将轴线拉伸到合适的位置,再标注。

(1)标注外部尺寸

①标注第一道尺寸线

命令：DLI(DIMLINEAR)

指定第一条尺寸界线原点或 ＜选择对象＞：

指定第二条尺寸界线原点：(创建了无关联的标注)

指定尺寸线位置或

[多行文字(M)/文字(T)/角度(A)/水平(H)/垂直(V)/旋转(R)]：

标注文字 ＝ 120

命令：DCO(DIMCONTINUE)

指定第二条尺寸界线原点或 [放弃(U)/选择(S)] ＜选择＞：

标注文字 ＝ 900

指定第二条尺寸界线原点或 [放弃(U)/选择(S)] ＜选择＞：

标注文字 ＝ 1800

指定第二条尺寸界线原点或 [放弃(U)/选择(S)] ＜选择＞：

标注文字 ＝ 900

指定第二条尺寸界线原点或 [放弃(U)/选择(S)] ＜选择＞：

标注文字 ＝ 900

指定第二条尺寸界线原点或 [放弃(U)/选择(S)] ＜选择＞：

标注文字 ＝ 1800

指定第二条尺寸界线原点或 [放弃(U)/选择(S)] ＜选择＞：

标注文字 ＝ 900

指定第二条尺寸界线原点或 [放弃(U)/选择(S)] ＜选择＞：

标注文字 ＝ 900

指定第二条尺寸界线原点或 [放弃(U)/选择(S)] ＜选择＞：

标注文字 ＝ 1800

指定第二条尺寸界线原点或 [放弃(U)/选择(S)] ＜选择＞：

标注文字 ＝ 900

指定第二条尺寸界线原点或 [放弃(U)/选择(S)] ＜选择＞：

标注文字 ＝ 900

指定第二条尺寸界线原点或 [放弃(U)/选择(S)] ＜选择＞：

标注文字 ＝ 1800

指定第二条尺寸界线原点或 [放弃(U)/选择(S)] ＜选择＞：

标注文字 ＝ 900

指定第二条尺寸界线原点或 [放弃(U)/选择(S)] ＜选择＞：

标注文字 ＝ 1150

指定第二条尺寸界线原点或 [放弃(U)/选择(S)] ＜选择＞：

标注文字 ＝ 1800

指定第二条尺寸界线原点或 [放弃(U)/选择(S)] ＜选择＞：

标注文字 ＝ 2200

指定第二条尺寸界线原点或 [放弃(U)/选择(S)] ＜选择＞：

标注文字 ＝ 1800

指定第二条尺寸界线原点或［放弃(U)/选择(S)］＜选择＞：

标注文字 ＝ 1150

指定第二条尺寸界线原点或［放弃(U)/选择(S)］＜选择＞：

标注文字 ＝ 900

指定第二条尺寸界线原点或［放弃(U)/选择(S)］＜选择＞：

标注文字 ＝ 1800

指定第二条尺寸界线原点或［放弃(U)/选择(S)］＜选择＞：

标注文字 ＝ 900

指定第二条尺寸界线原点或［放弃(U)/选择(S)］＜选择＞：

标注文字 ＝ 900

指定第二条尺寸界线原点或［放弃(U)/选择(S)］＜选择＞：

标注文字 ＝ 1800

指定第二条尺寸界线原点或［放弃(U)/选择(S)］＜选择＞：

标注文字 ＝ 900

指定第二条尺寸界线原点或［放弃(U)/选择(S)］＜选择＞：

标注文字 ＝ 900

指定第二条尺寸界线原点或［放弃(U)/选择(S)］＜选择＞：

标注文字 ＝ 1800

指定第二条尺寸界线原点或［放弃(U)/选择(S)］＜选择＞：

标注文字 ＝ 900

指定第二条尺寸界线原点或［放弃(U)/选择(S)］＜选择＞：

标注文字 ＝ 900

指定第二条尺寸界线原点或［放弃(U)/选择(S)］＜选择＞：

标注文字 ＝ 1800

指定第二条尺寸界线原点或［放弃(U)/选择(S)］＜选择＞：

标注文字 ＝ 900

指定第二条尺寸界线原点或［放弃(U)/选择(S)］＜选择＞：

标注文字 ＝ 120

指定第二条尺寸界线原点或［放弃(U)/选择(S)］＜选择＞：

选择连续标注：＊取消＊

注意:拾取点一般位于墙边、窗边、轴线等位置。第一道尺寸线详见图 4-49。

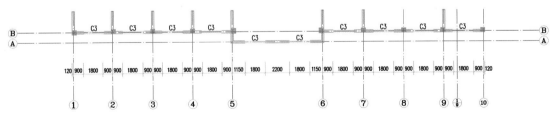

图 4-49　第一道尺寸线

②标注第二、三道尺寸线

命令：DBA(DIMBASELINE)

指定第二条尺寸界线原点或［放弃(U)/选择(S)］＜选择＞：S　（默认为最后一个标注尺寸,故输入S重新选择）

选择基准标注：

指定第二条尺寸界线原点或［放弃(U)/选择(S)］＜选择＞：　（标注第二道尺寸线的第一个标注）

标注文字 ＝ 3720

指定第二条尺寸界线原点或［放弃(U)/选择(S)］＜选择＞：　（标注第三道尺寸线的第一个标注）

标注文字 ＝ 37140

指定第二条尺寸界线原点或［放弃(U)/选择(S)］＜选择＞：

第二、三道尺寸线(局部)标注详见图 4-50。

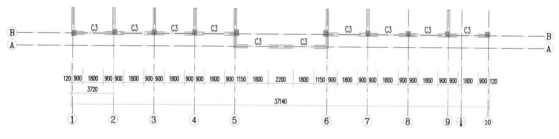

图 4-50　第二、三道尺寸线(局部)

选中第二道尺寸线的第一个标注,会看到五个蓝色的夹点,将鼠标放在左上方的夹点上,夹点颜色由蓝色变为绿色,单击鼠标左键,夹点颜色变为红色,然后向右拖动鼠标捕捉节点或者轴线。调整后再进行连续标注,这时连续标注默认的是最后一个标注,因此应输入S重新选择,详见图 4-51。

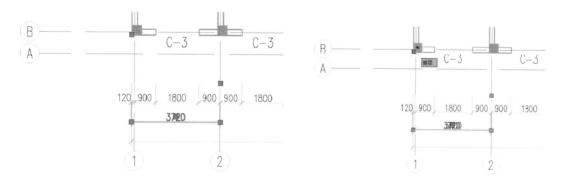

图 4-51　尺寸线调整

命令：

＊＊拉伸＊＊

指定拉伸点或［基点(B)/复制(C)/放弃(U)/退出(X)］：

命令：×取消×

命令：DCO (DIMCONTINUE)

指定第二条尺寸界线原点或［放弃(U)/选择(S)］＜选择＞：S

选择连续标注：

指定第二条尺寸界线原点或［放弃(U)/选择(S)］＜选择＞：

标注文字 ＝ 3600

指定第二条尺寸界线原点或［放弃(U)/选择(S)］＜选择＞：

标注文字 ＝ 3600

指定第二条尺寸界线原点或［放弃(U)/选择(S)］＜选择＞：

标注文字 ＝ 3600

指定第二条尺寸界线原点或［放弃(U)/选择(S)］＜选择＞：

标注文字 ＝ 8100

指定第二条尺寸界线原点或［放弃(U)/选择(S)］＜选择＞：

标注文字 ＝ 3600

指定第二条尺寸界线原点或［放弃(U)/选择(S)］＜选择＞：

标注文字 ＝ 3600

指定第二条尺寸界线原点或［放弃(U)/选择(S)］＜选择＞：

标注文字 ＝ 3600

指定第二条尺寸界线原点或［放弃(U)/选择(S)］＜选择＞：

标注文字 ＝ 1200

指定第二条尺寸界线原点或［放弃(U)/选择(S)］＜选择＞：

标注文字 ＝ 2400

指定第二条尺寸界线原点或［放弃(U)/选择(S)］＜选择＞：

第二、三道尺寸线标注详见图 4-52。

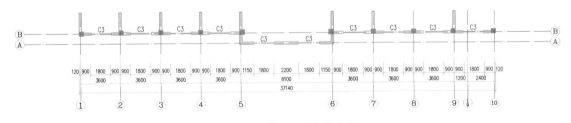

图 4-52　第二、三道尺寸线

(2)标注内部尺寸

内部尺寸只标注一道即可。完整的文字及尺寸标注详见图 4-53。

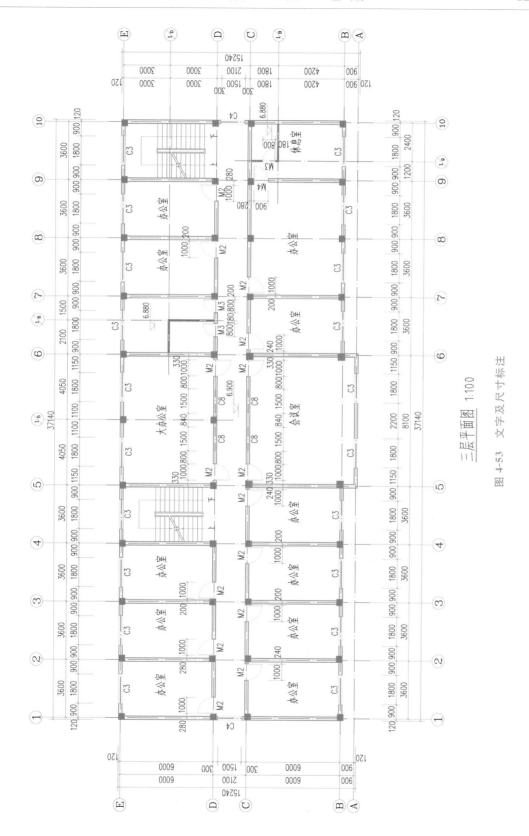

三层平面图 1:100

图 4-53 文字及尺寸标注

4.6.4　其他尺寸标注

如图 4-54 所示的训练图,要求采用 1∶1 绘图,1∶20 出图,并与三层平面图放在同一图框内。一方面,该图可用来练习角度、直径、半径、对齐及快速标注等操作;另一方面,该图还可练习不同比例的图形放在同一图框内时的标注操作。

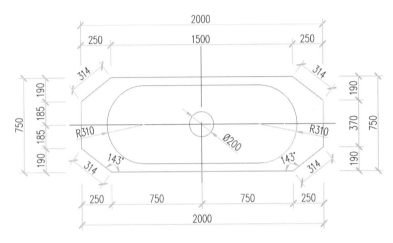

图 4-54　训练图

(1)训练图尺寸标注

首先新建标注样式"20",并在此基础上新增【角度标注】、【半径标注】、【直径标注】三种标注样式,具体操作参照前文的标注样式"副本 100"。标注样式设置完成后,进行角度、直径、半径、对齐及快速标注的操作练习,同时应注意,线性标注只能标注水平、竖直的图线,对于斜线只能采用对齐标注。该标注样式的设置及标注过程由学生独立完成。

(2)将不同出图比例的图形放在同一图框里

①训练图按照 1∶1 绘图,并按标注样式"20"进行标注,当把该图与三层平面图放在同一 A2 图框里时,从图 4-55 可以看出训练图相对较小,详见图 4-55。此时可将训练图做成块,放大 5 倍后再与三层平面图放在同一 A2 图框里。

②也可先将训练图整体放大 5 倍,再用标注样式"新 100"标注,标注完成后与三层平面图放在同一 A2 图框里,详见图 4-56。

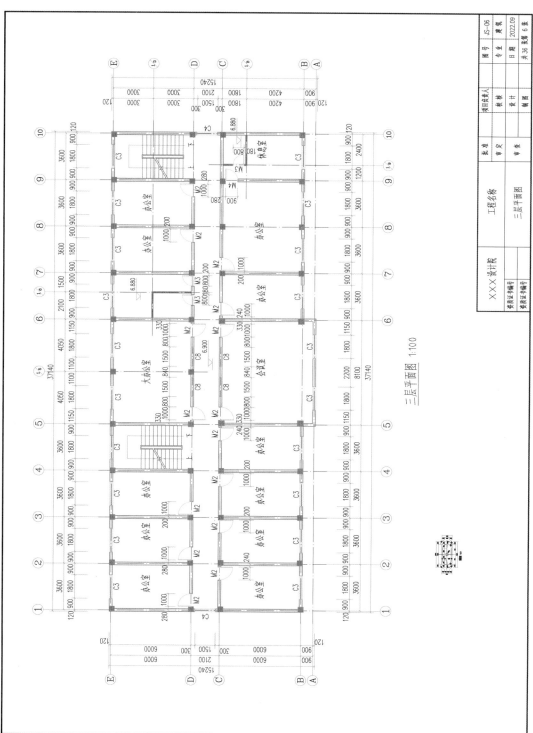

三层平面图 1:100

图 4-55 训练图放大前的图纸

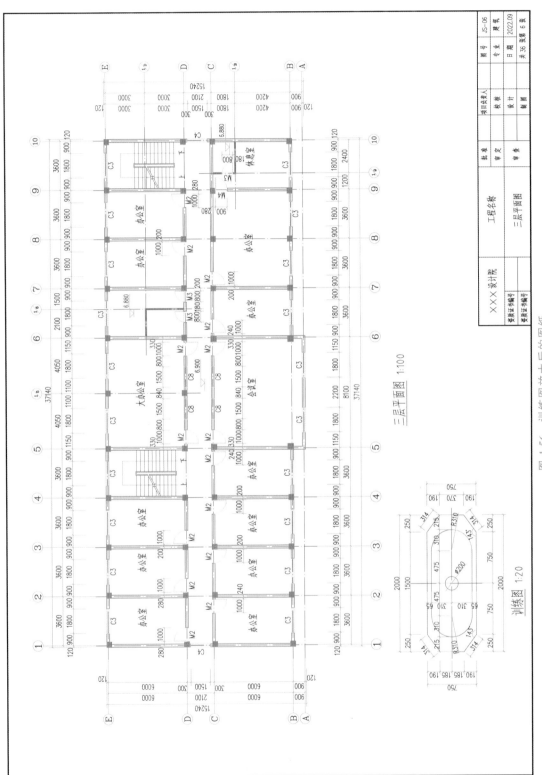

三层平面图 1:100

训练图 1:20

图 4-56 训练图放大后的图纸

重点难点汇总

（1）在进行标注前，一定要注意标注样式的设置，如果标注样式设置不当，标注时会出现各种问题。标注样式：D(DIMSTYLE)→新建→样式名：100→标注线：(基线间距 7～10，尺寸线偏移原点≥2，超出尺寸线 2～3，固定尺寸线长度≤基线间距)→符号和箭头：(箭头改为建筑标记，箭头大小 2～3)→文字：(文字样式选非汉字，文字颜色可随块，也可改为白色，文字高度为 2.5 或 3)→调整：(调整方式，选文字始终保持在尺寸界线之间，文字位置选尺寸线上方，不加引线，标注特征比例，使用全局比例 100)→主单位精度：0。

（2）拉伸命令功能强大，但要掌握好该命令并不容易。拉伸：S(STRETCH)→选择对象：[要使被拉伸的对象的端部位于绿色的选择框(由右下角向左上角选择)内，如果整个图像均位于绿色的选择框内，则执行的是移动命令]→指定基点：(可以指定图形上的一点，也可指定空白处的任一点，第二点可以用鼠标左键在屏幕指定某一合适的点，也可输入确定的数值)。

（3）连续标注、基线标注的前提是已存在其他标注，且默认与最后一道尺寸标注关联，如果选择与其他尺寸关联，则输入 S，再选择要关联的对象。

（4）不同出图比例的图形放在同一图框里，两个图均按 1∶1 绘图，标注采用两种不同的标注样式。在设置标注样式时，要注意修改【调整】选项里的【标注特征比例】下的【使用全局比例】值，该值为出图比例数，如出图比例为 1∶100，则填入 100。

 命令详解

（1）线性标注：DLI(DIMLINEAR)→指定第一条尺寸界线原点→指定第二条尺寸界线原点→指定尺寸线位置，线性标注只能标注正交的图形，倾斜的图线只能采用对齐标注。

（2）连续标注：DCO(DIMCONTINUE)→指定下一条延伸线的起始位置或[放弃(U)/选取(S)]＜选取＞：→指定下一条延伸线的起始位置或[放弃(U)/选取(S)]＜选取＞：(要注意，连续标注的前提是已存在其他标注，且默认与最后一道尺寸关联，如果要选择其他尺寸关联，则输入 S，再选择相应的尺寸)。

（3）基线标注：DBA(DIMBASELINE)→指定下一条延伸线的起始位置或[放弃(U)/选取(S)]＜选取＞：→指定下一条延伸线的起始位置或[放弃(U)/选取(S)]＜选取＞：(要注意，基线标注的前提是已存在其他标注，且默认以最后一道尺寸为基线，如果要选择其他尺寸为基线，则输入 S，再选择相应的尺寸)。

（4）半径标注 DRA(DIMRADIUS)、直径标注 DDI(DIMDIAMETER)、角度标注 DAN(DIMANGULAR)最好使用实心箭头标注，可以在标注前新建副本，选择适用的范围，并在箭头一栏里选择实心闭合箭头。

（5）快速标注 QDIM 标注时可以框选标注对象，对于无须标注的对象，可按住【Shift】键反选后再标注。

4.7 绘制卫生洁具

4.7.1 卫生洁具绘图内容及要求

本子任务主要是绘制室内卫生洁具及家具等,该部分内容可以作为选学内容,因为目前常用的建筑模块化 CAD(如天正建筑 CAD、中望建筑 CAD)均设有相应的建筑图库,直接在图库里选择即可,无须花费大量的时间绘制,但相关的绘图命令还是应掌握,故本子任务主要是熟悉相关绘图命令。图 4-57 所示卫生洁具的绘图比例为 1∶1,出图比例为 1∶20。

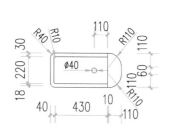 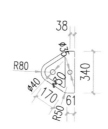 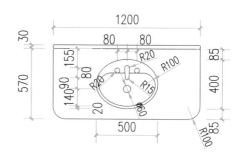

图 4-57 卫生洁具绘制内容

绘制卫生
洁具

4.7.2 卫生洁具绘图命令

(1)创建椭圆或椭圆弧

①命令:EL（ELLIPSE）。

② 🖘 工具栏:绘图 ⬭ 。

③ 🖘 菜单:绘图(D) ➤ 椭圆(E) ➤ 中心点(C)。

指定椭圆的轴端点或［圆弧(A)/中心(C)/等轴测圆(I)］:(指定点或输入选项)

通过指定的中心点来创建椭圆,可任意指定两个方向的半轴长度,也可输入具体的数值。

(2)从封闭区域创建面域或多段线

①命令:BO(BOUNDARY)。

② 🖘 菜单:绘图(D) ➤ 边界(B)...。

(3)将点对象或块沿对象的长度或周长等间隔排列

①命令:DIV(DIVIDE)。

② 🖘 菜单:绘图(D) ➤ 点(O) ➤ 定数等分(D)。

选择要定数等分的对象:（使用对象选择方法）

输入线段数目或［块(B)］:（输入从 2 到 32767 之间的值或输入 B）

(4)指定点对象的显示样式及大小

①命令:DDPTYPE。

② 🖘 菜单:格式(O) ➤ 点样式(P)...。

（5）创建点对象

①命令：PO（POINT）。

② 🐾 工具栏：绘图 ⬛ 。

③ 🐾 菜单：绘图（D）➤ 点（O）➤ 单点（S）。

（6）创建闭合的等边多段线

①命令：POL（POLYGON）。

② 🐾 工具栏：绘图 ⬡ 。

③ 🐾 菜单：绘图（D）➤ 正多边形（Y）。

输入侧面数 ＜当前＞：（输入介于 3 和 1024 之间的值或按【Enter】键）。

指定多边形的中心点或［边（E）］：（指定点或输入 E）

（7）在指定的公差范围内把光滑曲线拟合成一系列的点

①命令：SPL（SPLINE）。

② 🐾 工具栏：绘图 〰 。

③ 🐾 菜单：绘图（D）➤ 样条曲线（S）。

4.7.3　绘制洗手盆

本任务以洗手盆为例进行讲解，其他卫生洁具由学生独立完成。

（1）绘制洗手盆面板部分

首先绘制 1200×600 的矩形，分解后，上面线偏移 30，再对下部两个直角进行圆角，圆角半径为 100，详见图 4-58。

图 4-58　洗手盆面板

命令：F（FILLET）

当前设置：模式 ＝ 修剪，半径 ＝ 0.0000

选择第一个对象或［放弃（U）/多段线（P）/半径（R）/修剪（T）/多个（M）］：R　（设置圆角的半径）

指定圆角半径 ＜0.0000＞：100

选择第一个对象或［放弃（U）/多段线（P）/半径（R）/修剪（T）/多个（M）］：M　（输入 M，可连续修剪。如果对矩形所有角都进行圆角，则可选择 P，因为矩形是整体多段线）

选择第一个对象或［放弃（U）/多段线（P）/半径（R）/修剪（T）/多个（M）］：

选择第二个对象，或按住【Shift】键选择要应用角点的对象：

选择第一个对象或［放弃（U）/多段线（P）/半径（R）/修剪（T）/多个（M）］：

选择第二个对象，或按住【Shift】键选择要应用角点的对象：

（2）绘制水盆部分

首先应用【椭圆】命令，选择椭圆的中心点，在竖向、水平方向拖动鼠标，输入两个方向的半径,得到 1 个椭圆。可连接底边中点及上面第二条线中点作为辅助线。

命令:EL(ELLIPSE)

指定椭圆的轴端点或[圆弧(A)/中心点(C)]:C （选择中心点易于定位）

指定椭圆的中心点:（捕捉辅助线中点）

指定轴的端点:200 （竖直方向拖动鼠标,输入 200）

指定另一条半轴长度或[旋转(R)]:250 （水平方向拖动鼠标,输入 250）

将椭圆偏移 20 得到内轮廓线,同时注意辅助线的变化,否则会使后续操作麻烦,详见图 4-59。

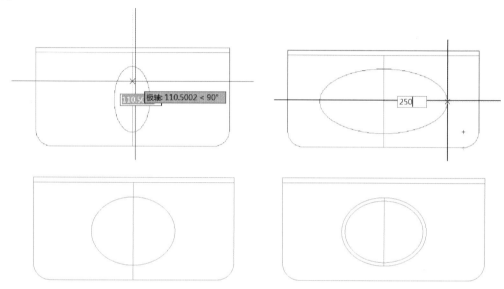

图 4-59 洗手盆绘制过程一

将辅助线四等分,在第一个四等分点绘制一条与水盆内轮廓线相交的水平直线,以此线为参照修剪内椭圆,并圆角。这时可修改点样式,使等分点显示更明显,详见图 4-60、图 4-61。

图 4-60 修改点样式

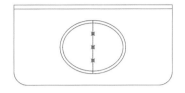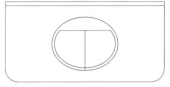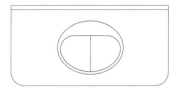

图 4-61　洗手盆绘制过程二

命令:DI(DIVIDE)

选择要定数等分的对象:

输入线段数目或 [块(B)]:4

命令:DDPTYPE

正在重生成模型

(3)完善其他细节,洗手盆绘制完成,详见图 4-62。

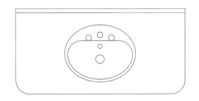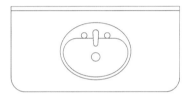

图 4-62　洗手盆绘制过程三

(4)把绘制好的家具及卫生洁具分别做成块,插入相应的房间,详见图 4-63。

 重点难点汇总

(1)在使用圆角命令 F(FILLET)时一定要注意输入"R",并给出相应的圆角半径,否则该值默认为"0",起不到圆角效果。

(2)绘制椭圆时要根据具体情况,输入"C"找到圆心,再沿着竖向和水平向拖动鼠标,以确定两个方向的半径。

(3)使用定数等分(DIVIDE)命令后,可选用点样式(DDPTYPE)命令修改点的大小及形状,增强显示效果。

 命令详解

(1)圆角:F(FILLET)→R:100→选择圆角对象。

(2)椭圆:EL(ELLIPSE)→指定椭圆的轴端点或 [圆弧(A)/中心点(C)]:C→指定椭圆的中心点:(选择圆心)→指定轴的端点:200(竖直方向拖动鼠标,输入 200)→指定另一条半轴长度或【旋转(R)】:250(水平方向拖动鼠标,输入 250)。

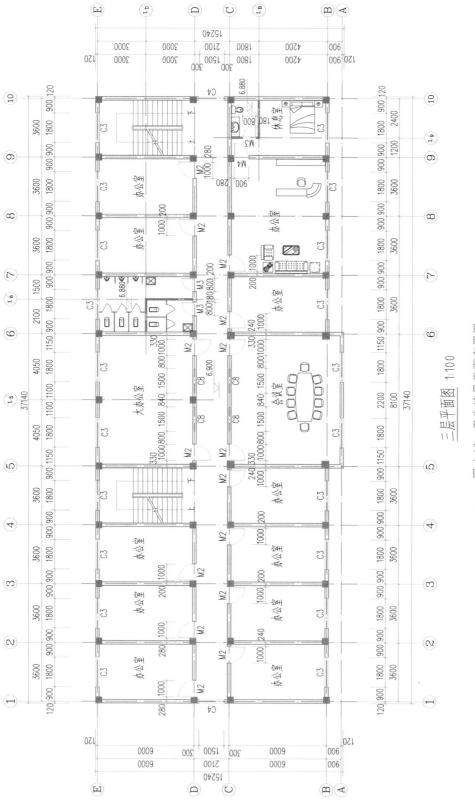

三层平面图 1:100

图 4-63　卫生洁具平面布置图

习　题

1.绘制图 4-64 所示建筑平面图,图层设置要求详见表 4-1。

表 4-1 图层设置要求

图层名称	颜色	线型	线宽/mm
轴线	1	Dashdot	0.15
墙体楼板	30	Continuous	0.5
门窗	4	Continuous	0.2
其余投影线	5	Continuous	0.13
填充	8	Continuous	0.05
尺寸标注	3	Continuous	0.09
文字	7	Continuous	DEFAULT
立面构件	50	Continuous	0.2
楼梯	6	Continuous	0.2
图框	7	Continuous	0.35
其他	6	Continuous	0.13

2.文字样式设置:

(1)汉字:样式名为"汉字",字体名为"仿宋",宽高比为 0.7。

(2)非汉字:样式名为"非汉字",字体名为"simplex",宽高比为 0.7。

(3)尺寸样式设置:

尺寸标注样式名为"标注 100"。文字样式选用"非汉字",箭头大小为 1.2mm,文字高度为 2.5mm,基线间距 10mm,尺寸界线偏移尺寸线 2mm,尺寸界线偏移原点 5mm,全局比例为 100,主单位格式为"小数",精度为"0"。

(4)绘图比例 1∶1,出图比例 1∶100。要求未明确部分按现行制图标准绘图。绘制完成后,另存为"建筑平面图.dwg"。

(5)图中附加轴线上较小柱子尺寸为 450mm×450mm,其余均为 600mm×600mm。

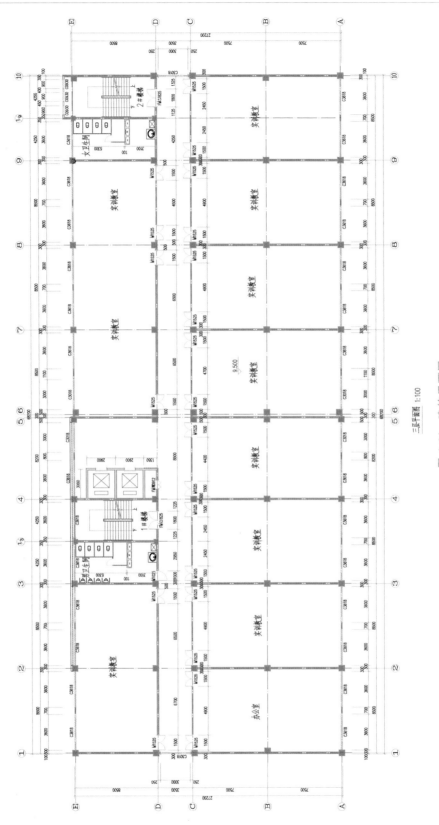

三层平面图 1:100

图 4-64 建筑平面图

任务 5　绘制建筑立面图

知识目标	能力目标	相关命令
掌握建筑立面图基础知识	熟悉建筑立面图的组成及相关的建筑构造	BLOCK：B；INSERT：I
按照图元属性定义图层	能按地坪线、外轮廓线、台阶、坡道、勒脚、门窗、雨篷、阳台、檐口屋顶等图元设置图层	DIMLINE：DLI；DIMCONTINUE：DCO
掌握相关绘图命令	能灵活利用绘图命令绘图，并进行必要的文字和尺寸标注	XLINE：XL；ATTDEF：ATT

本次任务为绘制建筑立面图，也是建筑工程识图技能竞赛及 1＋X 职业技能等级考核的重点内容，绘图难度中等，用的新命令较少。通过本次任务的学习，学生能更好地掌握 CAD 绘图思路和绘图技巧，同时其识图能力也会得到较大提升。

思政元素：针对当前一些城市的建筑贪大、媚洋、求怪，特色缺失和文化传承堪忧等现状，《中共中央国务院关于进一步加强城市规划建设管理工作的若干意见》提出建筑"八字"方针——"适用、经济、绿色、美观"，防止片面追求建筑外观形象，强化公共建筑和超限高层建筑设计管理。鼓励国内外建筑设计企业充分竞争，培养既有国际视野又有民族自信的建筑师队伍，倡导开展建筑评论。

5.1　立面图绘制内容及相关要求

5.1.1　立面图绘制内容

根据建筑平面图绘制⑩—①轴立面图，绘图比例 1：1，出图比例 1：100，详见图 5-1。

(1)绘制内容：地坪线、外轮廓线、台阶、坡道、勒脚、门窗、雨篷、阳台、檐口屋顶，并标注尺寸、标高、图名和比例。

(2)图层设置见表 5-1。

立面图绘制内容及绘制立面轮廓、辅助线

表 5-1　立面图图层设置要求

图层名称	颜色	线型	线宽/mm
立面线	2	Continuous	0.25
标注	3	Continuous	0.25

(3)文字样式设置、尺寸标注样式设置同任务 4，立面窗详细尺寸无须标注。

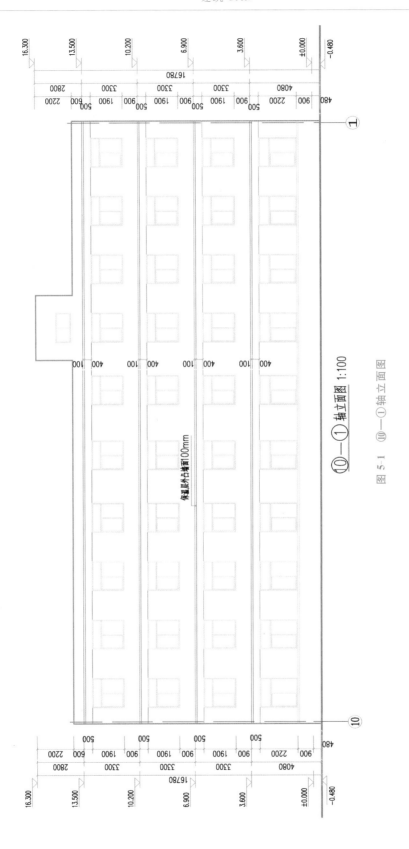

⑩—①轴立面图 1:100

图 5-1　⑩—①轴立面图

5.1.2 立面图绘图命令

(1)创建无限长的线

①命令:XL（XLINE）。

② 🎭 工具栏:绘图 ╱ 。

③ 🎭 菜单:绘图(D) ➤ 构造线(T)。

指定点或［水平(H)/垂直(V)/角度(A)/二等分(B)/偏移(O)］:（指定点或输入选项）

点:用无限长直线通过的两点定义构造线的位置。

水平:创建一条通过选定点的水平参照线。

垂直:创建一条通过选定点的垂直参照线。

角度:以指定的角度创建一条参照线。

二等分:创建一条参照线,它经过选定的角顶点,并且将选定的两条线之间的夹角平分。

偏移:创建平行于另一个对象的参照线。

(2)创建始于一点并无限延伸的线性对象

①命令:RAY。

② 🎭 菜单:绘图(D) ➤ 射线(R)。

指定起点:（指定点）

指定通过点:（指定射线要通过的点）

起点和通过点定义了射线延伸的方向,射线在此方向上延伸到显示区域的边界。按命令行提示指定通过点可以创建多条射线。按【Enter】键结束命令。

(3)创建用于在块中存储数据的属性定义

①命令:ATT（ATTDEF）。

② 🎭 菜单:绘图(D) ➤ 块(K) ➤ 定义属性(D)...

5.1.3 立面图绘图思路

本次绘图任务为绘制⑩—①轴立面图,即背立面图,在绘制时应采用从整体到局部、归类分层的方法,充分利用平面图的相关内容。为充分利用平面图的内容,可先将平面图旋转180°,再利用平面图中的轴线、墙体及窗等。

5.2 绘制立面轮廓及辅助线

5.2.1 立面轮廓及辅助线绘图思路

绘制水平、竖向辅助线及立面轮廓,并进行编辑,具体操作步骤如下:

(1)复制平面图,并将其旋转180°,为绘制⑩—①轴立面图做准备。

(2)选择"轴线"图层作为辅助线层,【复制】水平轴线放于平面图下方适当位置,按照竖向标高数值偏移水平辅助线。

(3)可采用【构造线】或者【射线】绘制竖向辅助线。本任务选用【构造线】➤【垂直(V)】绘制竖向辅助线,鼠标左键捕捉两端墙边,④、⑤轴柱子外侧边线(该处为楼梯间突出屋面所在处），所有窗边以及⑫⒍轴、⑩及①轴。

（4）修剪，选择最上及最下一道水平辅助线为剪切边，将多余部分的竖向辅助线修剪掉。

（5）将两端及④、⑤柱子外侧边线处辅助线的图层改成"墙"图层，所有窗边辅助线图层改成"窗"图层，将⑩、①轴拉伸至合适位置，并复制轴号。

（6）把最下面的水平辅助线改成地坪线，其线宽改为 0.7，同时在"墙"图层绘制外轮廓线。

（7）将"窗"图层设置为当前层，将一层地面处水平辅助线向上偏移 900，得到窗台线，偏移时选【图层 L】，再选【当前 C】，即可将偏移图层改为当前图层，采用同样的方式绘制其他辅助线。

5.2.2　立面轮廓及辅助线绘制过程

（1）复制平面图

命令：CO

找到 1433 个

当前设置：　复制模式 = 多个

指定基点或［位移(D)/模式(O)］＜位移＞：指定第二个点或 ＜使用第一个点作为位移＞：

指定第二个点或［退出(E)/放弃(U)］＜退出＞：

（2）旋转平面图

命令：RO

UCS 当前的正角方向：　ANGDIR＝逆时针　ANGBASE＝0

找到 1433 个

指定基点：

指定旋转角度，或［复制(C)/参照(R)］＜0＞：　180

（3）复制第一条水平辅助线

命令：CO

找到 1 个

当前设置：　复制模式 = 多个

指定基点或［位移(D)/模式(O)］＜位移＞：指定第二个点或 ＜使用第一个点作为位移＞：

指定第二个点或［退出(E)/放弃(U)］＜退出＞：

（4）偏移出其他水平辅助线

命令：O

当前设置：删除源 = 否　图层 = 源　OFFSETGAPTYPE＝0

指定偏移距离或［通过(T)/删除(E)/图层(L)］＜通过＞：　480

选择要偏移的对象，或［退出(E)/放弃(U)］＜退出＞：

指定要偏移的那一侧上的点，或［退出(E)/多个(M)/放弃(U)］＜退出＞：

选择要偏移的对象，或［退出(E)/放弃(U)］＜退出＞：

选择要偏移的对象，或［退出(E)/放弃(U)］＜退出＞：

选择要偏移的对象，或［退出(E)/放弃(U)］＜退出＞：　＊取消＊

命令：O

当前设置：删除源＝否　　图层＝源　　OFFSETGAPTYPE＝0

指定偏移距离或［通过(T)/删除(E)/图层(L)］＜480.0000＞：　3600

选择要偏移的对象，或［退出(E)/放弃(U)］＜退出＞：

指定要偏移的那一侧上的点，或［退出(E)/多个(M)/放弃(U)］＜退出＞：

选择要偏移的对象，或［退出(E)/放弃(U)］＜退出＞：

命令：　OFFSET

当前设置：删除源＝否　　图层＝源　　OFFSETGAPTYPE＝0

指定偏移距离或［通过(T)/删除(E)/图层(L)］＜3600.0000＞：　3300

选择要偏移的对象，或［退出(E)/放弃(U)］＜退出＞：

指定要偏移的那一侧上的点，或［退出(E)/多个(M)/放弃(U)］＜退出＞：

选择要偏移的对象，或［退出(E)/放弃(U)］＜退出＞：

指定要偏移的那一侧上的点，或［退出(E)/多个(M)/放弃(U)］＜退出＞：

选择要偏移的对象，或［退出(E)/放弃(U)］＜退出＞：

命令：　OFFSET

当前设置：删除源＝否　　图层＝源　　OFFSETGAPTYPE＝0

指定偏移距离或［通过(T)/删除(E)/图层(L)］＜3300.0000＞：

选择要偏移的对象，或［退出(E)/放弃(U)］＜退出＞：

指定要偏移的那一侧上的点，或［退出(E)/多个(M)/放弃(U)］＜退出＞：

选择要偏移的对象，或［退出(E)/放弃(U)］＜退出＞：

命令：　OFFSET

当前设置：删除源＝否　　图层＝源　　OFFSETGAPTYPE＝0

指定偏移距离或［通过(T)/删除(E)/图层(L)］＜3300.0000＞：　600

选择要偏移的对象，或［退出(E)/放弃(U)］＜退出＞：

指定要偏移的那一侧上的点，或［退出(E)/多个(M)/放弃(U)］＜退出＞：

选择要偏移的对象，或［退出(E)/放弃(U)］＜退出＞：

命令：　OFFSET

当前设置：删除源＝否　　图层＝源　　OFFSETGAPTYPE＝0

指定偏移距离或［通过(T)/删除(E)/图层(L)］＜600.0000＞：　2200

选择要偏移的对象，或［退出(E)/放弃(U)］＜退出＞：

指定要偏移的那一侧上的点，或［退出(E)/多个(M)/放弃(U)］＜退出＞：

选择要偏移的对象，或［退出(E)/放弃(U)］＜退出＞：

命令：＊取消＊

(5)绘制竖向辅助线

命令：XL

指定点或［水平(H)/垂直(V)/角度(A)/二等分(B)/偏移(O)］：V

指定通过点：　（捕捉墙边或者门窗边以及⑩及①轴）

指定通过点：

(6)修剪竖向辅助线(以最下及最上辅助水平线作为修剪边)

命令:TR

当前设置:投影＝UCS,边＝无

选择剪切边...

选择对象或＜全部选择＞: 找到 1 个

选择对象:找到 1 个,总计 2 个

选择对象:

选择要修剪的对象,或按住【Shift】键选择要延伸的对象,或

［栏选(F)/窗交(C)/投影(P)/边(E)/删除(R)/放弃(U)］: 指定对角点:

选择要修剪的对象,或按住【Shift】键选择要延伸的对象,或

［栏选(F)/窗交(C)/投影(P)/边(E)/删除(R)/放弃(U)］: 指定对角点:

选择要修剪的对象,或按住【Shift】键选择要延伸的对象,或

［栏选(F)/窗交(C)/投影(P)/边(E)/删除(R)/放弃(U)］: U

(7)拉伸⑩及①轴

命令:S

指定拉伸点或［基点(B)/复制(C)/放弃(U)/退出(X)］:1500

＊＊拉伸＊＊

指定拉伸点或［基点(B)/复制(C)/放弃(U)/退出(X)］:1500

(8)复制⑩及①轴轴标

命令:CO

找到 2 个

当前设置: 复制模式 ＝ 多个

指定基点或［位移(D)/模式(O)］＜位移＞:指定第二个点或＜使用第一个点作为位移＞:

指定第二个点或［退出(E)/放弃(U)］＜退出＞:

指定第二个点或［退出(E)/放弃(U)］＜退出＞:

(9)偏移出每层的窗台线

命令:O

当前设置:删除源＝否　图层＝当前　OFFSETGAPTYPE＝0

指定偏移距离或［通过(T)/删除(E)/图层(L)］＜900.0000＞: L

输入偏移对象的图层选项［当前(C)/源(S)］＜当前＞: C

指定偏移距离或［通过(T)/删除(E)/图层(L)］＜900.0000＞: 900

选择要偏移的对象,或［退出(E)/放弃(U)］＜退出＞:

指定要偏移的那一侧上的点,或［退出(E)/多个(M)/放弃(U)］＜退出＞:

(10)偏移出每层的窗顶线及装饰线

(略)

立面轮廓及辅助线详见图 5-2。

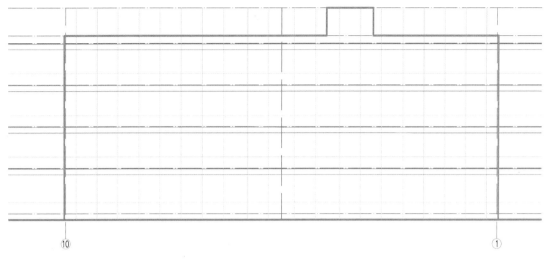

图 5-2　立面轮廓及辅助线

5.3　绘制立面窗

5.3.1　绘制独立窗

(1)在空白处用【矩形】+【偏移】+【直线】命令绘制一层的独立窗

命令：REC

指定第一个角点或［倒角(C)/标高(E)/圆角(F)/厚度(T)/宽度(W)］：

　　指定另一个角点或［面积(A)/尺寸(D)/旋转(R)］：@1800,2200

命令：O

当前设置：删除源＝否　图层＝当前　OFFSETGAPTYPE＝0

指定偏移距离或［通过(T)/删除(E)/图层(L)］＜50.0000＞：

选择要偏移的对象，或［退出(E)/放弃(U)］＜退出＞：

指定要偏移的那一侧上的点，或［退出(E)/多个(M)/放弃(U)］＜退出＞：

选择要偏移的对象，或［退出(E)/放弃(U)］＜退出＞：

命令：L

指定第一点：550

指定下一点或［放弃(U)］：

指定下一点或［放弃(U)］：

命令：O

当前设置：删除源＝否　图层＝当前　OFFSETGAPTYPE＝0

指定偏移距离或［通过(T)/删除(E)/图层(L)］＜50.0000＞：

选择要偏移的对象，或［退出(E)/放弃(U)］＜退出＞：

指定要偏移的那一侧上的点，或［退出(E)/多个(M)/放弃(U)］＜退出＞：

绘制立面
窗及标注

选择要偏移的对象,或［退出(E)/放弃(U)］＜退出＞:

命令:L

指定第一点:

指定下一点或［放弃(U)］:

指定下一点或［放弃(U)］:

命令:REC

指定第一个角点或［倒角(C)/标高(E)/圆角(F)/厚度(T)/宽度(W)］:

指定另一个角点或［面积(A)/尺寸(D)/旋转(R)］:

命令:O

当前设置:删除源＝否　图层＝当前　OFFSETGAPTYPE＝0

指定偏移距离或［通过(T)/删除(E)/图层(L)］＜50.0000＞:

选择要偏移的对象,或［退出(E)/放弃(U)］＜退出＞:

指定要偏移的那一侧上的点,或［退出(E)/多个(M)/放弃(U)］＜退出＞:

选择要偏移的对象,或［退出(E)/放弃(U)］＜退出＞:

(2)复制前面的窗,并【拉伸】得到二至四层的窗

命令:CO

找到 7 个

当前设置:　复制模式 ＝ 多个

指定基点或［位移(D)/模式(O)］＜位移＞:指定第二个点或 ＜使用第一个点作为位移＞:

指定第二个点或［退出(E)/放弃(U)］＜退出＞:

命令:S

以交叉窗口或交叉多边形选择要拉伸的对象...

选择对象:指定对角点:找到 2 个

选择对象:

指定基点或［位移(D)］＜位移＞:

指定第二个点或 ＜使用第一个点作为位移＞:　100

命令:S

以交叉窗口或交叉多边形选择要拉伸的对象...

选择对象:指定对角点:找到 5 个

选择对象:

指定基点或［位移(D)］＜位移＞:

指定第二个点或 ＜使用第一个点作为位移＞:　200

(3)绘制楼梯间凸出屋面的窗

命令:REC

指定第一个角点或［倒角(C)/标高(E)/圆角(F)/厚度(T)/宽度(W)］:

指定另一个角点或［面积(A)/尺寸(D)/旋转(R)］:＠1800,900

命令:O

当前设置:删除源＝否　图层＝源　OFFSETGAPTYPE＝0

指定偏移距离或［通过(T)/删除(E)/图层(L)］＜通过＞：50

选择要偏移的对象，或［退出(E)/放弃(U)］＜退出＞：

指定要偏移的那一侧上的点，或［退出(E)/多个(M)/放弃(U)］＜退出＞：

选择要偏移的对象，或［退出(E)/放弃(U)］＜退出＞：

命令：L

指定第一个点：

指定下一点或［放弃(U)］：

将绘制好的三个窗分别做成块，并命名为 C1、C2、C3，拾取点均可取窗的左下角，详见图 5-3。

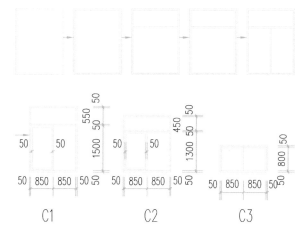

图 5-3　立面窗 C1 至 C3

5.3.2　插入窗

(1)插入第 1 列窗，详见图 5-4。

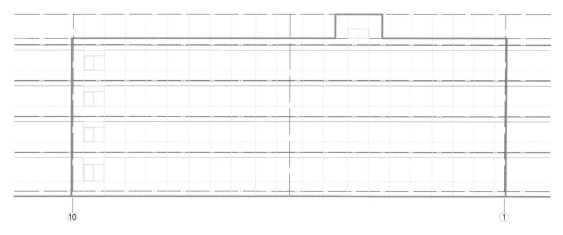

图 5-4　插入第 1 列立面窗

命令：I　　(选择窗线的左下角点)

指定插入点或［基点(B)/比例(S)/X/Y/Z/旋转(R)］：

命令：　INSERT

指定插入点或［基点(B)/比例(S)/X/Y/Z/旋转(R)］:

命令: INSERT

指定插入点或［基点(B)/比例(S)/X/Y/Z/旋转(R)］:

命令: INSERT

指定插入点或［基点(B)/比例(S)/X/Y/Z/旋转(R)］:

命令: INSERT

指定插入点或［基点(B)/比例(S)/X/Y/Z/旋转(R)］:

(2)【阵列】第1列窗,得到第2至4列窗,详见图5-5。

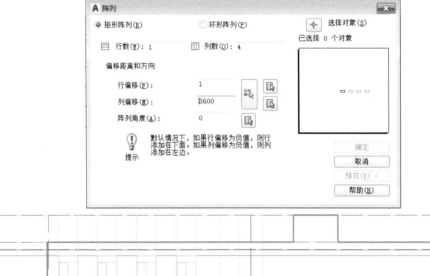

图5-5 【阵列】得到第2至4列窗

(3)选择第1至4列中的任一列窗复制得到第5列窗,详见图5-6。

命令:CO

COPY 找到 4 个

当前设置: 复制模式 = 多个

指定基点或［位移(D)/模式(O)］＜位移＞:指定第二个点或 ＜使用第一个点作为位移＞:

指定第二个点或［退出(E)/放弃(U)］＜退出＞:

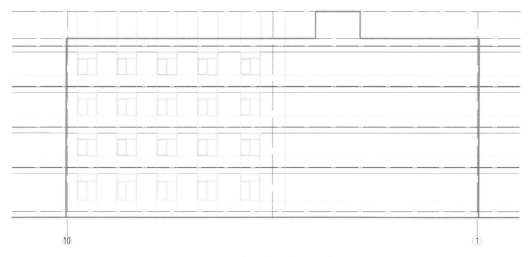

图 5-6　复制得到第 5 列窗

（4）镜像⑥轴左侧的窗，立面窗绘制完成，详见图 5-7。

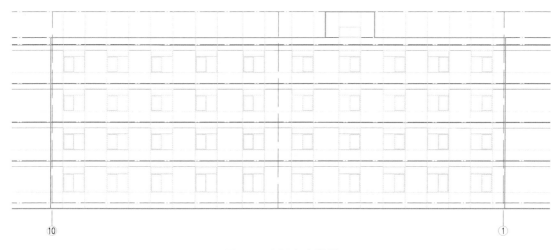

图 5-7　立面窗布置图

命令：MI(MIRROR)

选择对象：指定对角点：找到 20 个

选择对象：　指定镜像线的第一点：指定镜像线的第二点：

要删除源对象吗？［是(Y)/否(N)］＜N＞：

5.4　标　　注

（1）按照任务 4 标注方式进行尺寸标注，不再赘述。

（2）标高标注。绘制标高符号时可打开极轴，附加角设为 45°，用直线命令绘制，其上标高数字可以定义块属性，也可直接注写。块属性定义【ATT】及标高符号详见图 5-8、图 5-9。

（3）插入标高。

命令：B(BLOCK)

图 5-8　块属性定义

图 5-9　标高符号

指定插入基点：（基点可指定三角底点）

选择对象：指定对角点：找到 7 个

插入标高后双击数字即可修改相应标高，正负号可以输入【%%p】。

修改其他细节，立面图绘制完成，详见图 5-1。

 绘图技巧总结

（1）若想提高绘图效率，须大量地练习，并在练习中不断总结经验和熟悉技巧，总结采用哪些命令、何种绘图思路更快捷。

（2）绘图过程中要注意主要轮廓线用粗线，次要轮廓线用中粗线，窗线等用细线。绘图过程中要经常打开状态栏中的线宽，检查所绘图形的线宽是否合适。

（3）绘图过程中适时利用已有图形提高绘图效率。

习　　题

绘制图 5-10 所示的南立面图，绘图比例 1：1，出图比例 1：100。要求如下，其余未明确部分按现行制图标准绘图。绘制完成后，另存为"建筑立面图.dwg"。

（1）图层自行设置。

（2）文字样式设置、尺寸标注样式设置同任务 4 的习题。图纸绘制完毕，按制图标准要求标注竖向尺寸与标高。

（3）其他绘图要求，须画出轴线、墙体、轮廓、地坪、门窗、尺寸、图名、比例、标高等。

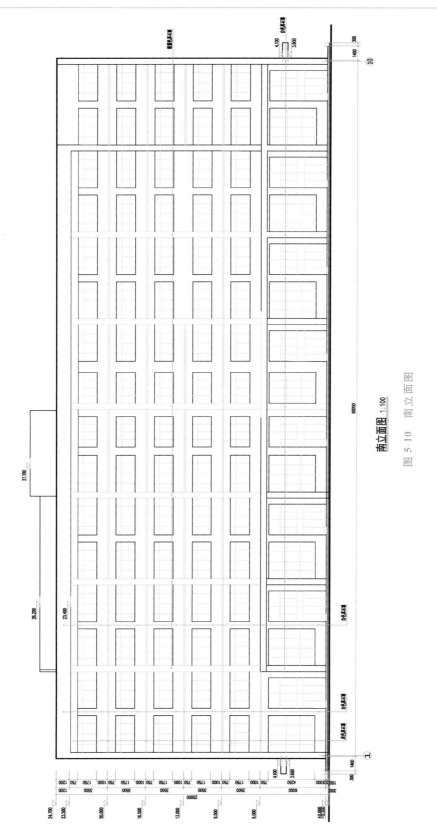

南立面图 1:100

图 5-10 南立面图

任务6 绘制建筑剖面图

知识目标	能力目标	相关命令
掌握建筑剖面图基础知识	熟悉建筑剖面图的组成及相应的建筑、结构构造	BLOCK:B;INSERT:I;BHATCH:H
按照图元属性设置图层	能按剖切到的台阶、雨篷、室内外地面、楼板、墙、屋顶、门窗、楼梯等设置图层	DIMLINEAR:DLI DIMCONTINUE:DCO
掌握相关绘图命令	能灵活利用绘图命令绘图,并进行必要的文字和尺寸标注	XLINE:XL;ATTDEF:ATT;EXTEND:EX

本次任务为绘制建筑剖面图,也是建筑工程识图技能竞赛及1＋X职业技能等级考核的重点内容,绘图难度较大,特别是楼梯部分的绘制。通过本次任务的学习,学生能更好地掌握CAD绘图思路和绘图技巧,同时其三维空间想象能力和识图能力也会得到较大提升。

思政元素:我国在建筑建造方面的综合实力世界领先,建筑设计方面也是人才辈出,目前国内很多知名建筑(如国家奥林匹克体育中心等)都是我们自己的设计师设计的。

6.1 剖面图绘制内容及相关要求

6.1.1 剖面图绘图内容

绘制剖面轴网,一、二层剖面构件

结合任务4及任务5的绘图内容绘制1—1剖面图,详见图6-1,绘图比例1:1,出图比例1:100。

(1)绘制内容主要包括剖切到的台阶、雨篷、室内外地面、楼板层、墙、屋顶、门窗等,并标注尺寸、标高和图名,按比例要求套入图框。

(2)图层可采用任务4建筑平面图中的图层,可根据需要自设新图层。

(3)标注必要的尺寸与标高,标注样式设置同任务4。

(4)框架结构部分:楼板厚120mm,框梁截面240mm×500mm,楼梯梁截面240mm×400mm,梯板厚140mm。

6.1.2 剖面图绘图命令

①命令:EX(EXTEND)。

将对象延伸到另一对象,该命令与修剪命令存在一定的反向关系,其操作时按住【Shift】键,则执行【修剪】命令,执行【修剪】命令时按住【Shift】键也可执行【延伸】命令。此两种命令在选择图形时都可以通过按住【Shift】键反选去掉不需要的对象。

②❀工具栏:修改 ⟶ 。

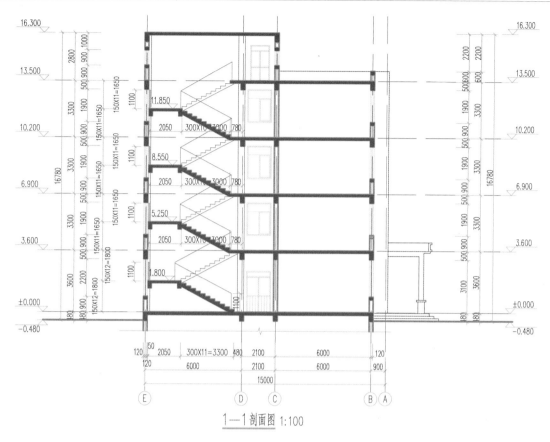

图 6-1　1—1 剖面图

③ 🖱 菜单:修改(M) ➤ 延伸(D)。

当前设置:投影 = 当前值,边 = 当前值

选择边界的边...

选择对象或 <全部选择>:(选择一个或多个对象并按【Enter】键,或者按【Enter】键选择所有显示的对象)

选择要延伸的对象,或按住【Shift】键选择要修剪的对象,或[栏选(F)/窗交(C)/投影(P)/边(E)/放弃(U)]:(选择要延伸的对象,或按住【Shift】键选择要修剪的对象,或输入选项)

6.1.3　剖面图绘图思路

本任务剖切位置位于首层平面图的④、⑤中间,剖切到楼梯,剖视方向向右。在绘制剖面图时应遵循从整体到局部、归类分层的方法,充分利用前文平面图及立面图的相关内容。为充分利用平面图内容,可先将平面图旋转 90°,再利用其中的轴线、墙体及窗等图元,还可以利用立面图中的竖向标注及标高。

6.2　绘制立剖轴网及辅助线

(1)复制平面图,并将该平面图旋转 90°,为绘制竖向辅助线做准备。

(2)复制立面图的水平辅助线、标注及标高,拉伸调整后作为水平辅助线。

　　(3)可采用【构造线】或者【射线】绘制竖向辅助线。本任务选用【构造线】▶【垂直(V)】绘制竖向辅助线捕捉轴线、剖切到的墙体、楼梯的前后缘线以及所有的看线。在使用【构造线】绘制辅助线之前可以先选择对应的图层再进行绘制,也可以先在同一图层绘制,再根据辅助线对应图元的特性改为相应的图层。

　　也可以直接复制旋转后的Ⓔ~Ⓐ轴,再按需求进行偏移,最后通过修剪或者拉伸完成辅助线的绘制。

　　(4)在合适的位置绘制矩形框作为剪切边,将多余的辅助线修剪掉,修剪完成后删除该矩形框。

　　(5)复制立面图中的竖向尺寸线及地坪线,通过特性或格式刷将轴号旋转 90°。

　　立剖轴网及辅助线详见图 6-2。

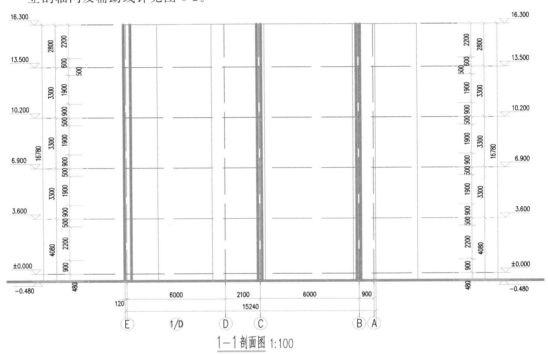

1—1剖面图 1:100

图 6-2　立剖轴网及辅助线

　　立剖轴网及辅助线绘制的具体操作如下,由于以下命令均在前文用过,故这里只作简单介绍。

命令: CO(COPY)

找到 1433 个

当前设置: 复制模式 = 多个

指定基点或 [位移(D)/模式(O)] <位移>:

指定第二个点或 [阵列(A)] <使用第一个点作为位移>:

指定第二个点或 [阵列(A)/退出(E)/放弃(U)] <退出>:

命令: RO(ROTATE)

UCS 当前的正角方向: ANGDIR=逆时针　ANGBASE=0

找到 1433 个

指定基点:

正在检查 1081 个交点...

指定旋转角度,或［复制(C)/参照(R)］＜0＞：90

命令：指定对角点或［栏选(F)/圈围(WP)/圈交(CP)］：

命令：CO (COPY) 找到 127 个

当前设置：　复制模式 ＝ 多个

指定基点或［位移(D)/模式(O)］＜位移＞：

指定第二个点或［阵列(A)］＜使用第一个点作为位移＞：

指定第二个点或［阵列(A)/退出(E)/放弃(U)］＜退出＞：

命令：S (STRETCH)

以交叉窗口或交叉多边形选择要拉伸的对象...

选择对象：指定对角点：找到 63 个

命令：XL(XLINE)

指定点或［水平(H)/垂直(V)/角度(A)/二等分(B)/偏移(O)］：V

指定通过点：

……

6.3　绘制剖面构件

6.3.1　绘制二层剖面梁板

板厚均为 120mm,可选择墙柱图层,从Ⓑ轴楼梯前缘线处采用直线绘制,也可选用偏移命令完成;框架梁截面尺寸均为 240mm×500mm,采用矩形命令绘制,详见图 6-3。

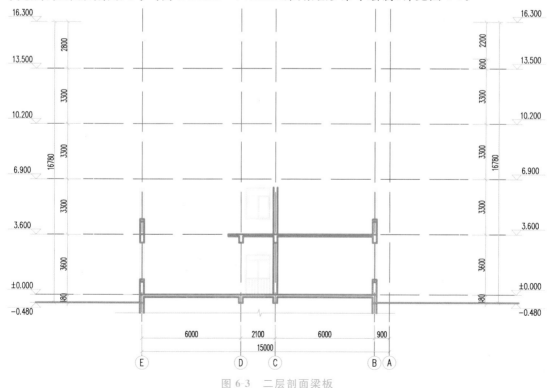

图 6-3　二层剖面梁板

6.3.2 绘制一、二层门窗

门窗详图见图 6-4,窗下为 240mm×150mm 的压顶梁,窗顶无框架梁时布置 240mm×200mm 的过梁,压顶梁及过梁采用实体填充。

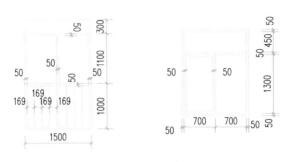

图 6-4   门窗详图

6.3.3 绘制一、二层楼梯

一、二层楼梯详图见图 6-5。楼梯绘制有多种方法,一般通过绘制水平及竖向辅助线,再采用【偏移】命令来完成。本任务介绍两种比较适用的方法。

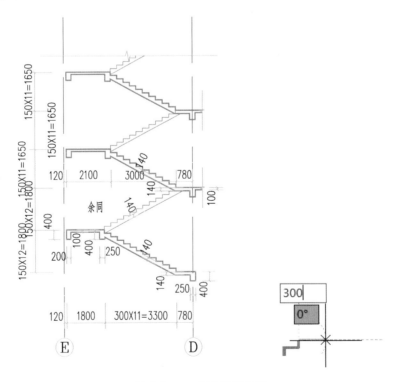

图 6-5   一、二层楼梯详图

(1)采用【多段线】命令绘制楼梯

命令:PL(PLINE)

指定起点:

当前线宽为 50

指定下一个点或［圆弧(A)/半宽(H)/长度(L)/放弃(U)/宽度(W)］：150

指定下一点或［圆弧(A)/闭合(C)/半宽(H)/长度(L)/放弃(U)/宽度(W)］：300

指定下一点或［圆弧(A)/闭合(C)/半宽(H)/长度(L)/放弃(U)/宽度(W)］：150

指定下一点或［圆弧(A)/闭合(C)/半宽(H)/长度(L)/放弃(U)/宽度(W)］：300

……

(2)先绘制一个踏步,然后采用【阵列】命令绘制楼梯

命令：AR(ARRAY)

指定列间距：第二点：(单击拾列偏移图标 ⬚ ,返回到绘图界面,选择踏步的斜对角点)

指定阵列角度： 指定第二点：(单击拾列偏移图标 ⬚ ,返回到绘图界面,选择踏步的斜对角点)

选择对象：指定对角点：找到 1 个

图 6-6 的【阵列】对话框中可以看到楼梯预览,如果方向斜向下,可以选择相反方向的斜对角点。另一个方向的楼梯可通过【镜像】命令得到。

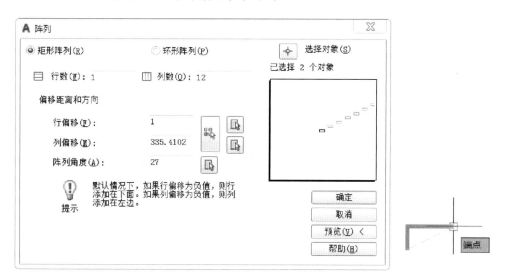

图 6-6 阵列楼梯

采用【直线】命令连接踏步的上下端点,并偏移 140,然后删除中间辅助线,梯段绘制完成,详见图 6-7。

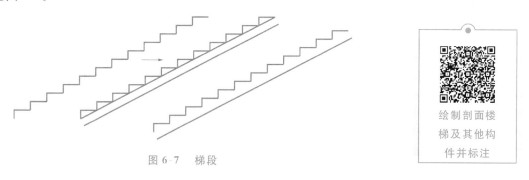

图 6-7 梯段

绘制剖面楼梯及其他构件并标注

(3)绘制梯梁及休息平台,并与梯段连成整体

命令:EX(EXTEND) (将未连接到一起的线延伸至相交一处,执行该操作时,按住【Shift】键可执行修剪命令)

当前设置:投影＝UCS,边＝无

选择边界的边...

选择对象或＜全部选择＞:指定对角点:找到 0 个

选择对象或＜全部选择＞:找到 1 个

选择对象:

选择要延伸的对象,或按住【Shift】键选择要修剪的对象,或

[栏选(F)/窗交(C)/投影(P)/边(E)/放弃(U)]:

选择要延伸的对象,或按住【Shift】键选择要修剪的对象,或

[栏选(F)/窗交(C)/投影(P)/边(E)/放弃(U)]:

命令:F(FILLET) (将半径设为0时,执行类似【修剪】命令,有时甚至比【修剪】还方便)

当前设置:模式 ＝ 修剪,半径 ＝ 0

选择第一个对象或[放弃(U)/多段线(P)/半径(R)/修剪(T)/多个(M)]:R(指定圆角半径)

＜0.0000＞:0

选择第一个对象或[放弃(U)/多段线(P)/半径(R)/修剪(T)/多个(M)]:

选择第二个对象,或按住【Shift】键选择对象以应用角点或[半径(R)]:

......

梯段及休息平台详见图6-8。

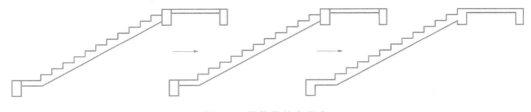

图6-8 梯段及休息平台

6.3.4 绘制一、二层其他细节

绘制一、二层的柱子看线,并对混凝土构件进行实体填充,得到完整的一、二层剖面图,详见图6-9。

6.3.5 绘制其他楼层剖面构件

选择第二层的楼板、楼梯、窗等进行阵列,同时完善其他细节,楼层剖面图绘制完成,详见图6-10。

6.3.6 绘制雨篷等细部构造

绘制突出楼梯间的雨篷看线,雨篷详细尺寸见图6-11。

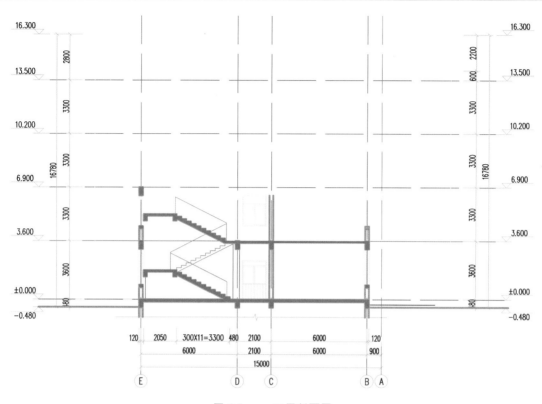

图 6-9 一、二层剖面图

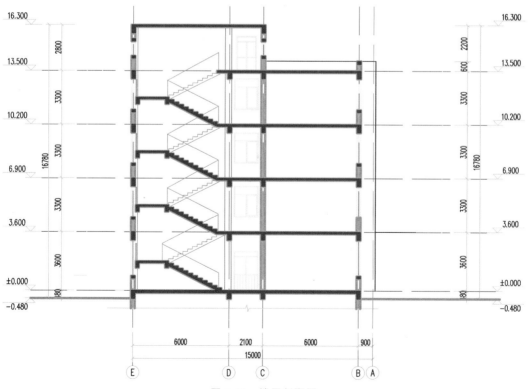

图 6-10 楼层剖面图

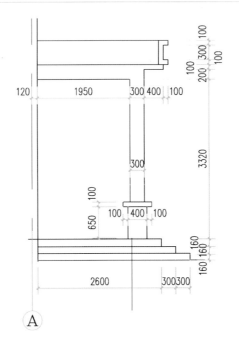

图 6-11　雨篷详细尺寸

6.4　标　　注

参照立面图,标注尺寸、标高,最后完善全部细节,1—1 剖面图绘制完成,详见图 6-1。

 绘图技巧总结

(1)绘图过程中应综合利用平面图和立面图的相关内容,如轴线、标高等。

(2)绘图过程中要注意剖切到的墙柱轮廓线用粗线,通过打开状态栏的线宽检查所绘图形的线宽是否合适。

习　　题

绘制图 6-12 所示建筑剖面图。绘图比例 1∶1,出图比例 1∶100。要求如下,其余未明确部分按现行制图标准绘图。绘制完成后,另存为"建筑剖面图.dwg"。

(1)图层自行设置。

(2)文字样式设置、尺寸标注样式设置同任务 4 的习题。图纸绘制完毕,按制图标准要求标注竖向尺寸与标高。

(3)须画出主要剖到的台阶、雨篷、室内外地面、楼板层、墙、屋顶、门窗等,并标注尺寸、标高和图名。

(4)其他绘图要求,框架结构部分:楼板厚 120mm,框梁截面 200mm×750mm,楼梯梁截面 200mm×400mm,梯板厚 140mm。

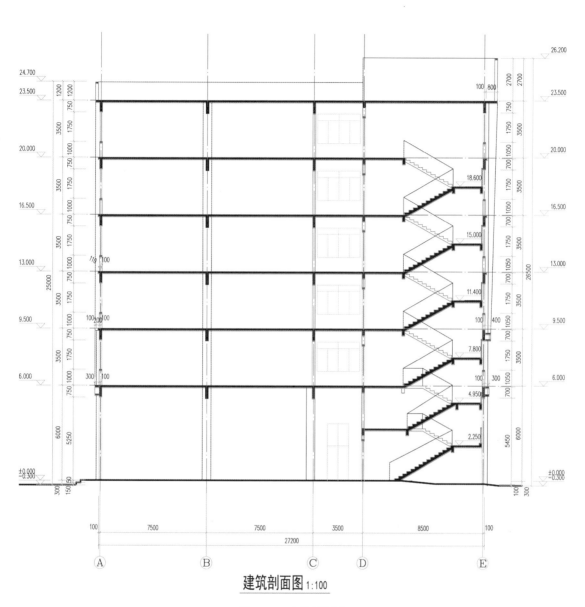

建筑剖面图 1:100

图 6-12 建筑剖面图

任务 7　绘制建筑详图

知识目标	能力目标	相关命令
掌握建筑详图基础知识	熟悉建筑详图的基本构成	BHATCH；H
掌握相关绘图命令	能灵活利用绘图命令绘图，并进行必要的文字和尺寸标注	BOUNDARY；BO

本次任务为绘制建筑详图，也是建筑工程识图技能竞赛及1＋X职业技能等级考核的内容，绘图难度中等，用到的新命令较少。通过本次任务的学习，学生能较好地掌握详图大样的绘图思路和绘图技巧。

思政元素：详图是建筑图的重要组成部分，"细节决定成败"，更体现工匠精神。

7.1　详图绘制内容及相关要求

7.1.1　详图绘制内容

建筑详图是建筑施工图中必不可少的重要组成部分，本次任务以绘制地下室外墙防水详图为例（图7-1），讲解详图的绘制方法。

（1）按表7-1设置图层，线宽均不做要求。

表 7 1　图层设置要求

图层	颜色	线型
剖切到的结构轮廓	2	Continuous
材料图例	8	Continuous
其余	3	Continuous
标注	3	Continuous

（2）构造做法：

①各部位工程做法详见图7-1。

②刚性自防水外墙墙体厚度250mm，1∶2.5水泥砂浆找平层厚20mm，SBS防水卷材两道（3mm＋3mm），聚苯板厚50mm，蒸压灰砂砖厚120mm。

（3）须标注必要的汉字注释及尺寸标高，汉字采用3.5号字。设置要求如下：

①文字样式设置：汉字样式名为"汉字"，字体名为"仿宋"，宽高比为0.7；数字、英文样式名为"非汉字"，字体名为"Simplex"，宽高比为0.7。

②尺寸标注样式设置：尺寸标注样式名为"尺寸"。文字样式选用"非汉字"，箭头大小为1.2mm。基线间距8mm，尺寸界线偏移尺寸线2mm，尺寸界线偏移原点5mm，文字高度

3mm,使用全局比例。

　　(4)请绘制准确的构造层次,并进行材料图案填充。绘图比例 1∶1,出图比例 1∶30。其余未明确部分按现行制图标准绘制。

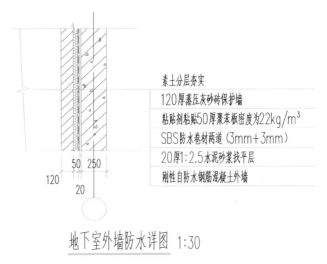

素土分层夯实

120厚蒸压灰砂砖保护墙

粘贴剂粘贴50厚聚苯板密度为22kg/m³

SBS防水卷材两道(3mm+3mm)

20厚1∶2.5水泥砂浆找平层

刚性自防水钢筋混凝土外墙

详图绘制内容及绘制外墙防水详图

地下室外墙防水详图 1:30

图 7-1　地下室外墙防水详图

7.1.2　详图绘图命令

用填充图案、实体填充或渐变填充,填充封闭区域或选定对象。

①命令:H(HATCH)。

②🔧 工具栏:绘图 🔲 。

③🔧 菜单:绘图(D)▶图案填充(H)。

填充钢筋混凝土要选用两种填充图例,详见图 7-2。

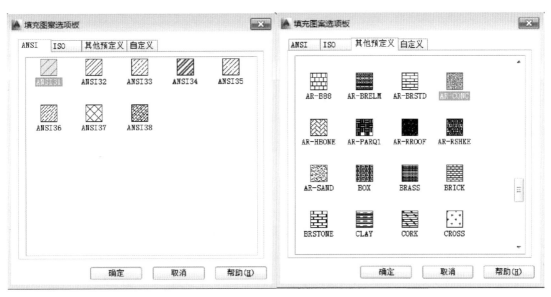

图 7-2　钢筋混凝土填充图例

7.1.3 详图绘图思路

(1)墙体、楼地面、屋面及檐口等详图的绘制,主要是要明确表现出各层次的做法,特别是一些线脚的构造做法和尺寸,另外就是正确使用填充样式。

(2)多层构造共用引出线,应通过被引出的各层,并用圆点示意对应的各层次。文字说明宜注写在水平线的上方,或注写在水平线的端部,说明的顺序应由上至下,并应与被说明的层次对应一致;如层次为横向排序,则由上至下的说明顺序应与由左至右的层次对应一致。

7.2 绘制地下室外墙防水详图

由于本任务无新命令,故只讲解其绘图过程,具体绘制细节由学生独立完成,绘制过程详见图 7-3。

(1)绘制墙体,并偏移出其他各层,绘制折断线及轴线轴号。

(2)对于防水层通过【PE】命令改成多段线,线型为虚线,线宽为 12,线型比例适当调整。

(3)根据制图标准要求选择合适的填充图案。

(4)引注文字说明,注写图名、比例。

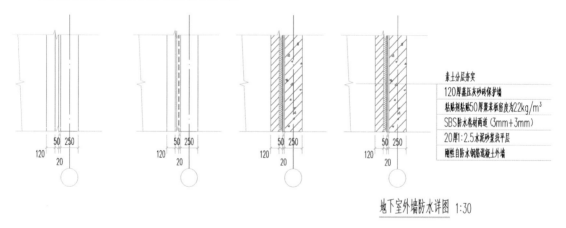

图 7-3 地下室外墙防水详图绘制过程

习 题

1. 绘制老虎窗立面防水详图,详见图 7-4。

(1)绘图比例为 1∶1,出图比例为 1∶30。

(2)自行设置图层,线型按制图标准设置。

(3)绘图时线宽不作要求,但须考虑打印时根据颜色设置线宽。

2. 绘制 2♯楼梯三至六层平面图,详见图 7-5。绘图比例为 1∶1,出图比例为 1∶50,其他要求同习题 1。

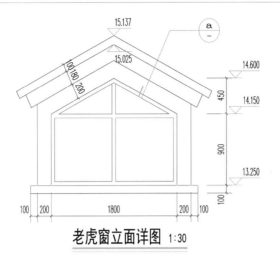

老虎窗立面详图 1:30

图 7-4　老虎窗立面详图

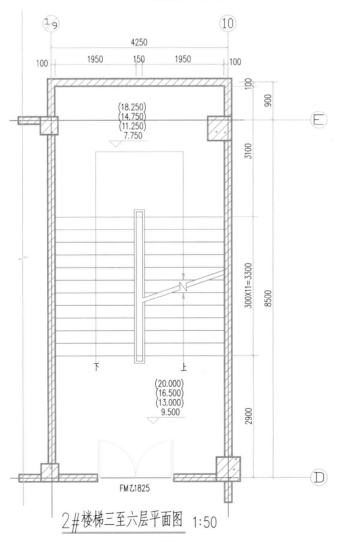

2#楼梯三至六层平面图 1:50

图 7-5　2#楼梯三至六层平面图

任务 8　绘制结构图

知识目标	能力目标	相关命令
掌握基础、墙柱、梁、板及楼梯结构平面图的组成，以及各类构件的结构构造要求和钢筋排布情况	能结合图纸、图集熟练识读结构平法施工图纸	PLINE；PL；DTEXT；DT；RECTANG；REC
掌握相关绘图命令	能灵活利用绘图命令绘制结构平面图及钢筋排布图	PEDIT；PE；DONUT；DO

本次任务为绘制结构图，是建筑工程识图技能竞赛及 1＋X 职业技能等级考核的重点内容，同时也与今后的工作结合紧密，绘图难度中等，用到的新命令较少。本次任务的重难点是绘制构件的钢筋排布图，绘制时要结合图纸、图集识读出其具体钢筋排布情况，而不是简单的抄绘。通过本次任务的学习，学生能更好地掌握结构图绘图思路和绘图技巧，同时其结构图识图能力也会得到较大提升。

思政元素：建筑结构要求做到安全、适用、经济、耐久，工程质量和人们的生命及财产安全息息相关，这就要求学生不但有过硬的专业知识，更要有认真负责、一丝不苟的工作态度以及担当精神。

8.1　结构图绘制内容及相关要求

本次任务主要是绘制基础、墙柱、梁、板及楼梯平面布置图及构件钢筋排布图，重点是绘制构件的钢筋排布图。本任务中所有构件的混凝土等级均为 C30，抗震等级为三级。

8.1.1　结构图绘图要求

绘图时要严格按照《建筑结构制图标准》(GB/T 50105—2010)中相关规定，具体绘图要求如下：

(1)钢筋线用【多段线】命令绘制，并设置线宽，出图后粗线线宽为 0.5mm。

(2)结构构造钢筋锚固长度符合《混凝土结构施工图平面整体表示方法制图规则和构造详图》(22G101)图集要求即可，不做精确计算。计算值有小数的，按下列取值。

计算值 99 则取值 99，计算值 99.2 则取值 100。

(3)文字标注：采用"钢筋字体"Tssdeng，使用大字体 tssdchn.shx。

(4)尺寸标注：根据出图比例选用。

(5)图层可按自己的习惯进行设置，不作强制要求。

8.1.2　结构图绘图技巧

(1)绘图时采用 1∶1 绘图更加方便快捷,如不同比例的图放在同一张图纸里,可将大比例的图做成块再放大一定的倍数。如平面图比例为 1∶100,详图比例为 1∶20,则可将详图做成块后放大 100/20＝5 倍。

(2)具体绘制时,线性钢筋的绘制线宽为出图后线宽数乘以出图比例数,比如出图比例为 1∶50,则多段线全局宽度为 $0.5 \times 50 ＝ 25$mm,点状钢筋采用圆环命令,其内径为 0,外径不小于线性钢筋线宽,可略大些。

8.1.3　结构图绘图命令

(1)绘制填充的圆和环

①命令:DO (DONUT)。

② 🎀 菜单:绘图(D) ➤ 圆环(D)。

指定圆环的内径 ＜当前＞:(指定距离或按【Enter】键。如果将内径指定为 0,则圆环将填充为圆)

指定圆环的外径 ＜当前＞:(指定距离或按【Enter】键)

指定圆环的中心点或 ＜退出＞:(指定点或按【Enter】键结束命令)

(2)编辑多段线和三维多边形网络

①命令:PE (PEDIT)。

② 🎀 工具栏:修改 △ 。

③ 🎀 菜单:修改(M) ➤ 对象(O) ➤ 多段线(P)。

④快捷菜单:选择要编辑的多段线,在绘图区域单击鼠标右键,然后选择"编辑多段线"。

选择多段线或 ［多选(M)］:(使用对象选择方法或输入 M)

8.2　绘制基础结构图

8.2.1　基础结构图绘图任务

本次绘制任务绘制基础平面布置图(局部)、基础大样图等内容,并标注钢筋信息及必要的构造要求尺寸。详见图 8-1、图 8-2。

8.2.2　基础结构图绘图思路

(1)将建筑平面图另存一个文件,以便进行结构图绘制。绘制基础平面图时,复制建筑平面图中的轴网、柱子及外侧两道尺寸线,由于基础底面多为正方形或者矩形,因此,基础底边线通过偏移柱子边线得到,最后标注基础定位尺寸。

(2)绘制独立基础大样时,可先绘制构件轮廓线,再绘制线性钢筋及点钢筋,最后标注钢筋信息及尺寸。

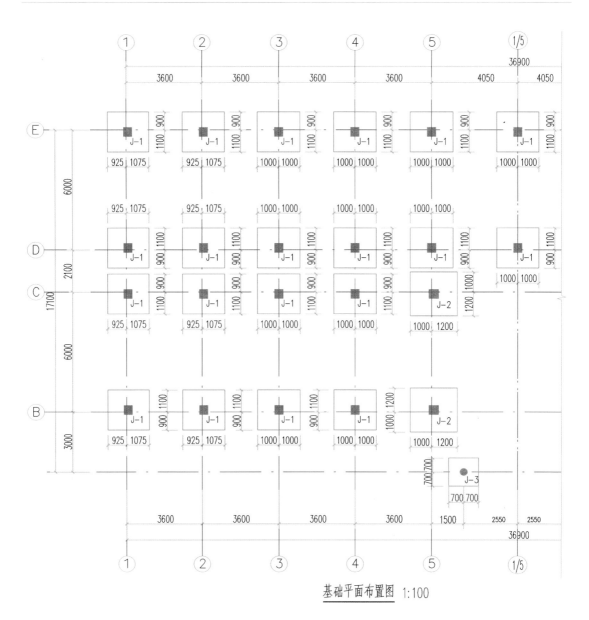

基础平面布置图 1:100

图 8-1　基础平面布置图(局部)

8.2.3　基础结构图绘图过程

8.2.3.1　绘制基础平面图

(1)复制建筑平面图柱网及标注。

(2)将Ⓔ轴上①至⑤上的柱子向外偏移800,标注定位尺寸,如发现尺寸不符,采用【拉伸】命令进行修改。

(3)将绘制好的基础连同尺寸标注进行复制、镜像、拉伸操作,基础平面图绘制完成。

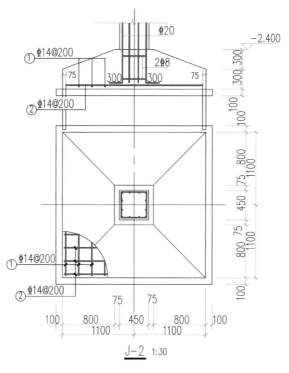

图 8-2　基础大样图

8.2.3.2　绘制独立基础大样图

(1)首先按 1∶1 用【矩形】命令绘制基础大样平面轮廓：绘制 450×450 的柱子，分别向外偏移 75、800、100 得到其他基础边线。采用【多段线】命令绘制左侧纵剖面轮廓部分，然后镜像得到全部剖面图。

(2)将柱子边线向内偏移得到柱子箍筋，通过特性修改其全局宽度为 15。点钢筋采用【圆环】命令绘制，内径设为 0，外径设为 18(也可取 15，或者比 15 略大的数值)。其他线钢筋采用【多段线】命令绘制，线宽设为 15，下面仅介绍绘制点钢筋的过程。

命令：DO(DONUT)

指定圆环的内径 <0.5000>：0

指定圆环的外径 <1.0000>：18

指定圆环的中心点或 <退出>：

(3)注写钢筋信息。注写钢筋信息应采用探索者字体，首先将该字体拷贝到 CAD 安装目录下的"Fonts"字体库里，鼠标右键单击桌面 CAD 图标，选择最下方的【属性】，左键单击【打开文件位置】，详见图 8-3，将 Tssdeng.shx 字体拷贝到"Fonts"字体库里。如 CAD 软件已打开，需重启软件。

在文字样式里新建"钢筋字体"，SHX 字体选择 Tssdeng.shx 字体，大字体选择 tssdchn.shx 字体，如果没有该字体，可以选择 hztxt.shx 字体。将"钢筋字体"置为当前，详见图 8-4。

(4)标注尺寸、图名及比例，基础大样图就绘制完成，详见图 8-5。

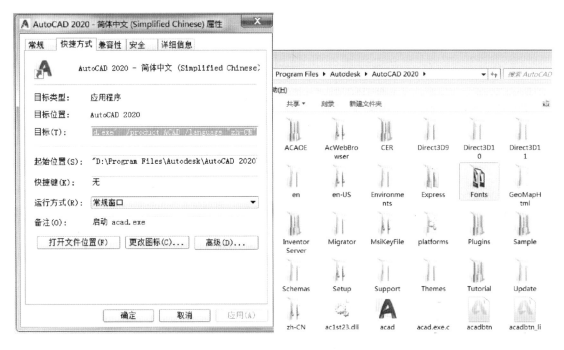

图 8 3   插入钢筋字体操作

图 8 4   钢筋字体设置

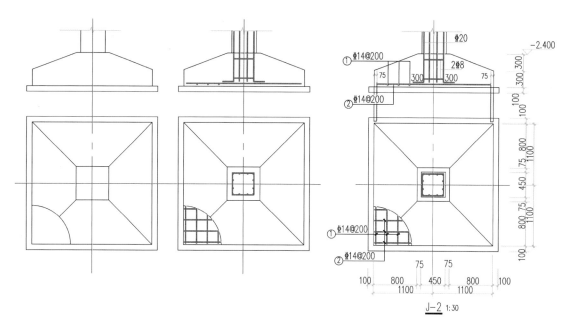

图 8-5 J-2 大样图绘制过程

8.3 绘制墙柱结构图

8.3.1 墙柱结构图绘图任务

柱结构图主要包括框架柱平面布置图,框架柱、墙上柱、梁上柱配筋构造详图等。剪力墙结构图主要包括剪力墙平面布置图,剪力墙墙身、边缘构件及墙梁的配筋构造详图等。本次绘图任务包括绘制框架柱平面布置图(局部),框架柱柱表(局部),框架柱钢筋排布图,剪力墙边缘构件横截面图及连梁钢筋排布,并标注钢筋信息及尺寸,详见图 8-6 至图 8-10。

8.3.2 墙柱结构图绘图思路

(1)对于柱平面图可以直接采用基础平面图中的柱网,并标注其定位尺寸。

(2)柱框架纵剖面图中纵筋及水平筋均通过【多段线】命令绘制,箍筋可采用【偏移】或者【阵列】命令绘制。

(3)剪力墙边缘构件横截面图、连梁纵剖面图及横断面图中的线性钢筋和点钢筋可分别采用【多段线】和【圆环】命令绘制。

8.3.3 墙柱结构图绘图过程

8.3.3.1 绘制柱平面布置图

(1)复制基础平面布置图中柱网及外部标注。

(2)标注柱的定位尺寸,对具有相同信息的柱进行复制、镜像,修改个别不同的柱,柱平面布置图就绘制完成。

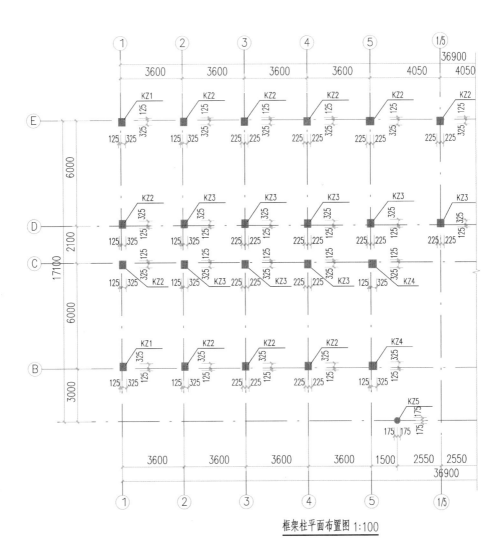

框架柱平面布置图 1:100

图 8-6　框架柱平面布置图（局部）

8.3.3.2　绘制柱钢筋排布图

（1）按照 1∶1 绘制梁柱轮廓。

（2）采用【多段线】命令绘制纵向钢筋及箍筋，多段线线宽为 25。

（3）绘制钢筋连接区段位置，钢筋采用电渣压力焊，连接区段长度 700，连接点可采用【圆环】命令绘制，圆环内径取 0，外径取 30。

命令：DO（DONUT）

指定圆环的内径 ＜0.5000＞：0

指定圆环的外径 ＜1.0000＞：30

指定圆环的中心点或 ＜退出＞：

（4）标注文字和尺寸，注写钢筋应采用探索者字体。绘制过程详见图 8-11。

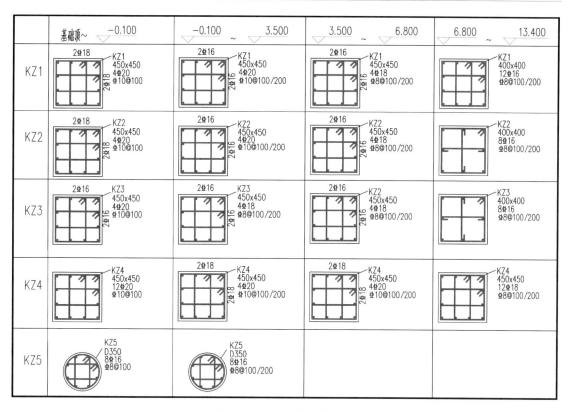

图 8-7 框架柱柱表(局部)

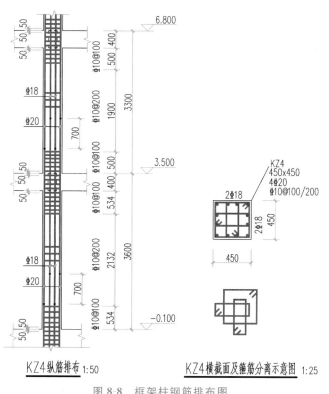

KZ4纵筋排布 1:50

KZ4横截面及箍筋分离示意图 1:25

图 8-8 框架柱钢筋排布图

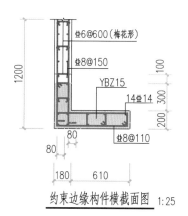

约束边缘构件横截面图 1:25

图 8-9 剪力墙边缘构件横截面图

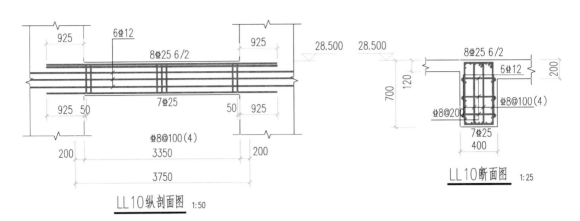

图 8-10　连梁钢筋排布图

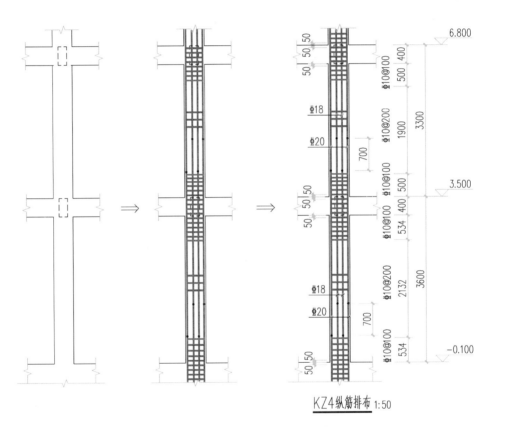

图 8-11　框架柱钢筋排布图绘制过程

8.3.3.3　绘制剪力墙边缘构件

（1）按照 1∶1 绘制约束边缘构件外轮廓。

（2）采用【多段线】命令绘制水平钢筋及箍筋，多段线线宽为 12.5，用【圆环】命令绘制竖向钢筋，内径为 0，外径 15（略大于线钢筋线宽）。

（3）采用浅色（一般用浅灰）填充阴影区。

绘图过程由学生独立完成。

8.3.3.4　绘制连梁纵剖面及横断面图

(1)按照 1∶1 绘制连梁纵剖面及横断面外轮廓。

(2)用【多段线】命令绘制纵筋钢筋及箍筋,多段线线宽纵剖面为 25,横断面为 12.5;用【圆环】命令绘制横断面的点钢筋,内径为 0,外径可取 15。

(3)标注钢筋信息及尺寸,注意纵剖面与横断面图采用两种不同的标注样式。

(4)把横断面图做成块,放大 2 倍。

绘图过程由学生独立完成。

8.4　绘制梁结构图

8.4.1　梁结构图绘图任务

梁结构图包括框架梁(KL)、屋面框架梁(WKL)及非框架梁(L)平面配筋图,纵剖面配筋详图,横截面配筋详图等。本次绘图任务以框架梁为例,绘制 3.500 层框架梁配筋图(局部)及 KL11 钢筋排布图,详见图 8-12、图 8-13。

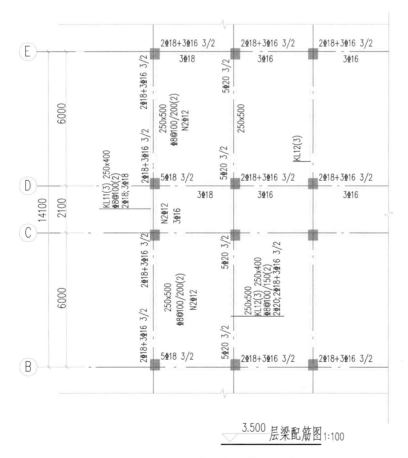

结构图绘制
内容及绘制
梁结构图

图 8-12　3.500 层框架梁配筋图(局部)

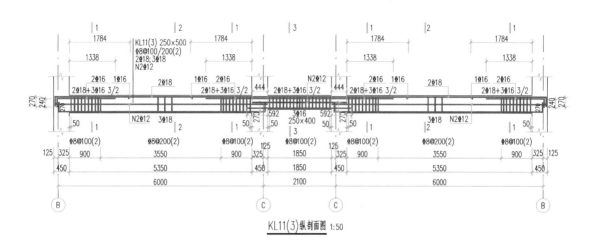

KL11(3)纵剖面图 1:50

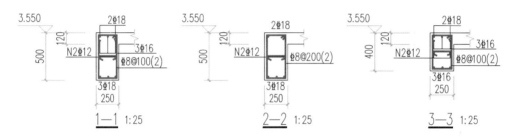

图 8-13　KL11 钢筋排布图

8.4.2　梁结构图绘图思路

(1)首先复制柱平面布置图中的柱网作为 3.500 层框架梁配筋图的柱网,再绘制梁线,按照平法图集要求标注钢筋信息,最后绘制附加箍筋。

(2)梁纵剖图及横断面中的线性钢筋和点钢筋可分别采用【多段线】和【圆环】命令绘制。

8.4.3　梁结构图绘图过程

8.4.3.1　绘制 3.500 层框架梁配筋图

(1)复制柱平面布置图中的柱网,然后采用【多线】命令绘制梁线,并将内侧梁线改成细虚线,注意外围梁线及楼梯间边线仍为细实线。

(2)按照平法图集要求注写钢筋信息,注写时按照先从左到右,再从下到上的顺序注写,最后绘制附加箍筋,3.500 层框架梁配筋图就绘制完成。

8.4.3.2　绘制框架梁钢筋排布图

(1)因纵剖面图左右对称,故只需绘制对称轴左半部分。

首先按 1∶1 绘制梁柱轮廓,再用【多段线】命令绘制纵筋钢筋及箍筋,多段线线宽为 25。钢筋在端支座不满足直锚要求,采用弯锚方式,中间跨梁截面高度变小,下部钢筋在此跨支座处分别锚固。绘制箍筋加密区及非加密区。最后标注钢筋信息及尺寸,用【镜像】命令完成全图绘制,详见图 8-14。

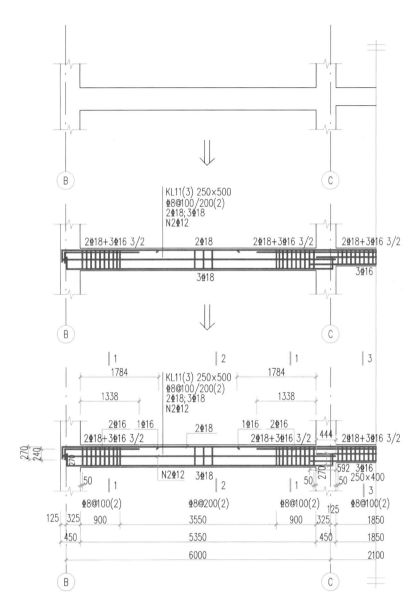

图 8-14　框架梁纵剖面图绘制过程

（2）绘制横截面图时仍按 1∶1 绘图。

首先绘制梁板轮廓，再用【多段线】命令绘制纵筋钢筋及箍筋，多段线线宽为 12.5；用【圆环】命令绘制点钢筋，内径为 0，外径可取 15。框架梁的横截面绘制方法同连梁，不同之处在于侧面钢筋的位置，连梁的侧面钢筋在箍筋外侧，而框架梁的侧面钢筋在箍筋的内侧。1—1 截面图绘制完成后，复制并进行修改，完成其他两个截面图。最后把三个截面图做成块，并放大 2 倍，横截面图绘制完成，绘图过程详见图 8-15。

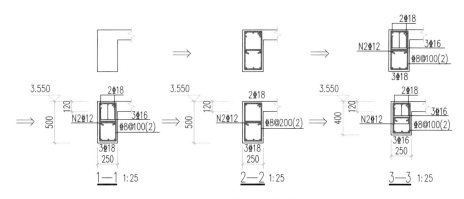

图 8-15　框架梁横截面图绘制过程

8.5　绘制板、楼梯结构图

8.5.1　板、楼梯结构图绘图任务

板、楼梯结构图包括:现浇钢筋混凝土楼板配筋图、现浇钢筋混凝土楼梯板配筋详图、楼梯梁配筋详图等。本次绘制任务为绘制 3.500 层结构平面图(局部)及 TB3 钢筋排布图,详见图 8-16、图 8-17。

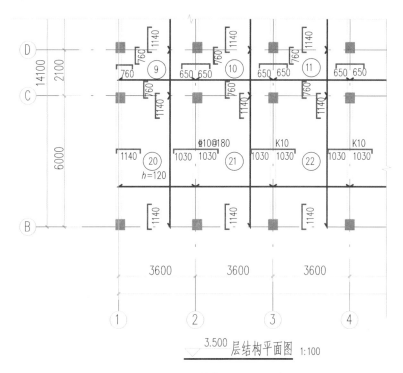

图 8-16　3.500 层结构平面图(局部)

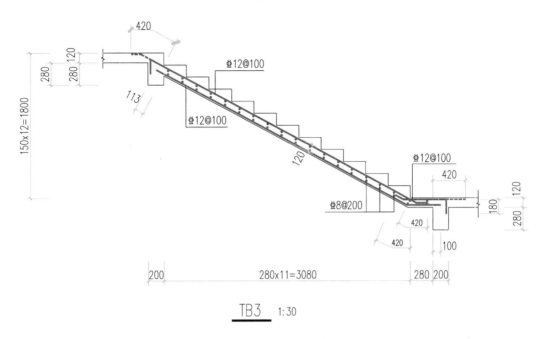

图 8-17　TB3 钢筋排布图

8.5.2　板、楼梯结构图绘图思路

（1）对于板平面布置图可以复制梁配筋图中相关信息，如柱网、梁线及标注等，然后按房间布置钢筋，再将布置好的钢筋复制到其他房间，最后使用【拉伸】命令对钢筋进行修改。

（2）楼梯外轮廓的绘制参见任务六，点钢筋可采用【阵列】命令绘制。

8.5.3　板、楼梯结构图绘图过程

8.5.3.1　绘制板平面布置图

（1）复制框架梁配筋图，复制前把钢筋注写图层关闭或者锁住，然后绘制第一个房间的上、下部钢筋。上部钢筋的直钩段长约 200，无须严格按计算长度绘制。下部钢筋截断符号倾斜 45°，斜段长度也可近似取 200。

（2）钢筋的长度注写数字即可，可避免常规尺寸标注的拥挤问题。

（3）复制第一个房间的钢筋信息并调整，3.500 层结构平面图绘制完成。

8.5.3.2　绘制楼梯钢筋排布图

（1）按 1∶1 绘制楼梯梯段外轮廓，可采用【阵列】命令绘制踏步线。

（2）用【多段线】命令绘制纵筋，多段线线宽为 15；用【圆环】命令绘制点钢筋，内径为 0，外径可取 20，其他点钢筋可采用【阵列】命令绘制。

（3）上部钢筋在上、下端支座均采用两种锚固方式，虚线所示为钢筋锚入平台板内。

（4）标注钢筋信息和尺寸，对于折线标注，可先标注两道尺寸，然后将两道标注分解，再使用【圆角】命令将两道标注连接，楼梯钢筋排布图绘制过程详见图 8-18。

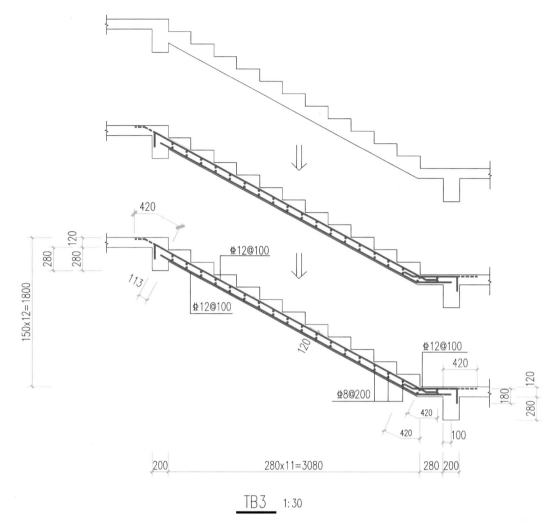

TB3 1:30

图 8-18 楼梯钢筋排布图绘制过程

 绘图技巧总结

（1）结构图绘制的重难点是绘制构件的钢筋排布图，绘制前要结合图纸、图集及平法标注识读出其具体钢筋排布情况。知其然更要知其所以然，而不是简单的抄绘。

（2）绘图思路要明确，遵循一定的绘图规律，养成良好的绘图习惯。一般按照"构件轮廓→线钢筋→点钢筋→注写钢筋信息→标注尺寸→图名比例"的规律绘图。

（3）不同出图比例的图放在同一图框时，要注意钢筋线宽、文字高度、标注样式等内容的统一，建议所有的图均采用 1∶1 绘图，然后将大比例的图做成块，放大一定的倍数，此倍数为大比例与小比例的比值。

习　题

绘制图 8-19 所示的 KL1 钢筋排布图,绘制要求如下:

(1)钢筋线用【多段线】命令绘制,并设置线宽,出图后粗线线宽为 0.5mm。

(2)结构构造锚固长度符合《混凝土结构施工图平面整体表示方法制图规则和构造详图》(22G101)图集要求即可,不做精确计算。计算值有小数的,按下列取值。

计算值 99 则取值 99,计算值 99.2 则取值 100。

(3)尺寸标注:根据出图比例选用。

(4)图层设置不作要求。

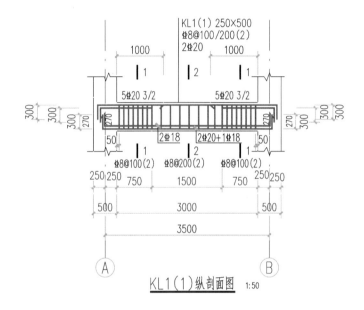

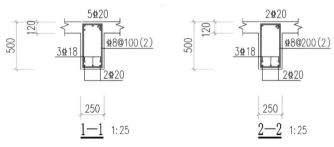

图 8-19　KL1 钢筋排布图

模块 3
建筑模块化 CAD 快速绘图——提高篇

本模块为建筑模块化 CAD 绘图部分,主要内容包括绘制建筑平面图、立面图、剖面图等,是学生学习的重点部分。通过该模块的学习,学生可以系统地掌握建筑模块化 CAD 快速绘图的思路和技巧,大幅提高其绘图速度。本模块内容与学生今后的工作岗位紧密结合,也是 1+X 建筑工程识图职业技能等级考核的重要内容。该模块的内容应在教师精讲的前提下,侧重学生的上机实操,教训结合。

任务 9　采用建筑模块化 CAD 绘制建筑平面图

知识目标	能力目标	相关命令
掌握建筑模块化 CAD 的基本功能	能够使用建筑模块化 CAD 快速绘制各类建筑图元	HZZW、TJZX、TBZH、QSZW、ZDBZ、BZZ、ZQQB、DXBQ、MC、DT、MCBZ、TKGL 等
掌握建筑模块化 CAD 的绘图技巧	能够灵活运用传统 CAD 及建筑模块快速、系统地绘制建筑平面图等相关内容	

　　本次任务为采用建筑模块化 CAD 绘制建筑平面图,是 1+X 职业技能等级考核的重点内容,也与今后的工作紧密结合,绘图难度中等,用到的新命令较多。本次任务采用建筑模块化 CAD 绘制的图元多属于模块化图形,尽量不要将其分解,绘图过程中尚需结合传统 CAD 命令来完成。通过本次任务的学习,学生可以系统地掌握建筑模块化 CAD 快速绘图的思路和技巧,大幅提高绘图速度,较快适应今后的岗位需求。

　　思政元素:建筑模块化 CAD 具备更强大的绘图功能,使用过程中要多探索、多尝试,从中提升自身的探索精神和解决问题的能力。

9.1　建筑模块化 CAD 相关知识及绘制内容

　　建筑模块化绘图软件常用的有天正建筑 CAD 及中望建筑 CAD,本书以 T20 天正建筑 V8.0(简称天正建筑 CAD)和中望建筑 CAD 2022 版(简称中望建筑 CAD)为例进行讲解。

　　天正建筑 CAD 软件是北京天正软件股份有限公司(简称天正公司)出品的土建专业模块化 CAD。成立于 1994 年的天正公司,是由设计者创办的来源于设计、发展于设计、服务于设计的软件企业;是专注勘察设计领域,围绕“设计标准化”、“设计信息化”、“设计 BIM 化”,为勘察设计领域信息化提供全面解决方案的高新技术企业。近二十年来,天正公司秉承以用户需求为导向的经营理念和服务宗旨,致力以先进计算机技术推动行业信息化发展,至今已开发基于 AutoCAD 与 Revit 双平台的建筑、结构、给排水、暖通、电气、节能、日照、采光、碳排放、近零能耗等近 20 多款产品,在行业内具有广泛的应用基础。其中以建筑为代表的全系列专业软件已成为建筑设计师爱不释手的设计工具。

　　中望建筑 CAD 是国内首款包含 CAD 平台的面向建筑设计领域的全国产专业设计软件,它在涵盖了中望 CAD 平台全部功能的基础上,采用自定义对象技术,以建筑构件作为基本设计单元,具有人性化、智能化、参数化、可视化特征,集二维工程图、三维表现和建筑信息于一体,为建筑设计师轻松完成全程设计任务提供完整的解决方案。

　　本次任务要求绘制三层平面图,详见图 9-1。绘制内容主要有轴线、墙柱、门窗、楼梯、家具和洁具等,并标注尺寸、标高、图名及比例。除墙、柱及填充图层颜色调整为 30 外,其余图层、文字样式及尺寸标注样式采用软件默认设置。

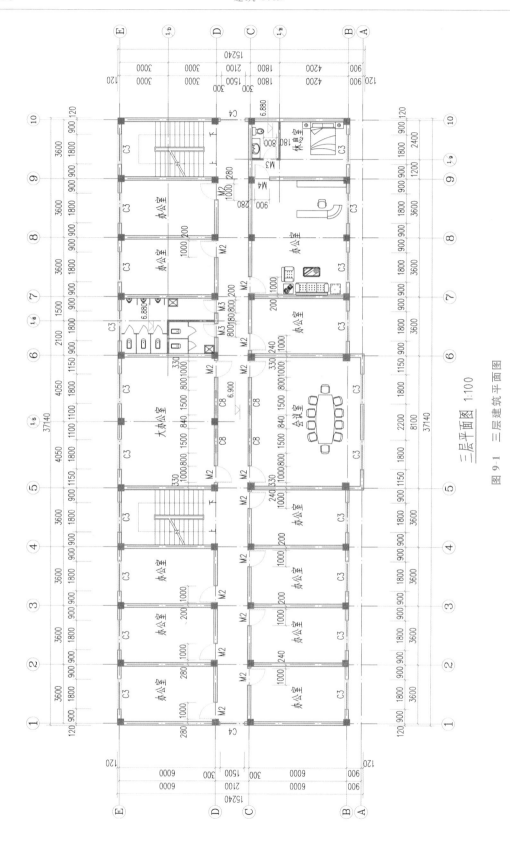

三层平面图 1:100

图 9-1 三层建筑平面图

　　本次任务用到的绘图命令较多,而建筑模块的绘图命令一般均为其拼音的首字母,如门窗的命令为"MC"等,对于难记的命令,也可以在屏幕菜单中选择或者鼠标右击选择。

　　建筑模块化 CAD 与传统 CAD 相比,增加了建筑模块化屏幕菜单。天正建筑 CAD 和中望建筑 CAD 的窗口界面及建筑模块化屏幕菜单详见图 9-2 至图 9-5。

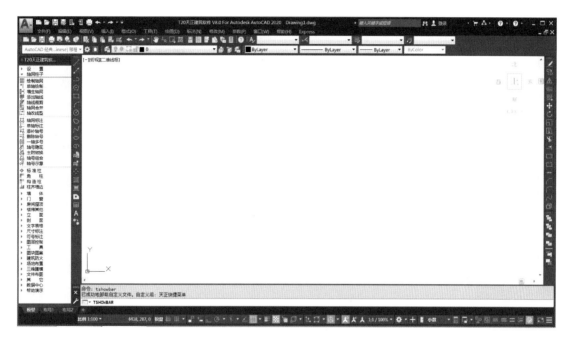

图 9-2　天正建筑 CAD 窗口界面

图 9-3　中望建筑 CAD 窗口界面

图9-4　天正建筑 CAD 模块化屏幕菜单　　　图9-5　中望建筑 CAD 模块化屏幕菜单

9.2　绘制轴网

9.2.1　轴网绘图设置

建筑模块化
CAD 绘制平
面图轴网、墙柱

　　鼠标左键单击屏幕菜单的【设置】按钮，并按照自己的需要更改设置，一般情况下默认即可。天正建筑 CAD 和中望建筑 CAD 在布局上稍有不同，但其内容基本相同，详见图9-6、图9-7。

图9-6　天正建筑 CAD 屏幕菜单设置　　　图9-7　中望建筑 CAD 屏幕菜单设置

9.2.2　绘制轴网并标注

　　（1）天正建筑 CAD 绘制轴网：鼠标左键单击【轴网柱子】按钮，选择【绘制轴网】，在弹出的【绘制轴网】对话框中分别按照【上开】、【下开】、【左进】、【右进】尺寸输入数值，输入【间距】、【个数】后回车进行下一行输入，如果【上开】和【下开】相同，输入其中一个即可。详见图9-8。

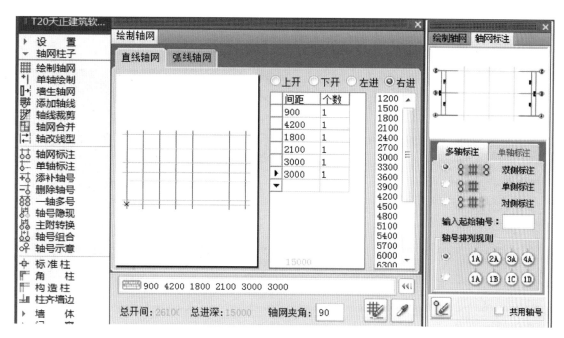

图 9-8 天正建筑 CAD 绘制轴网及标注

　　轴网绘制完成后选择【轴网标注】进行标注。标注时可将主附轴统一标注,标注完成后选用【主附转换】,将个别主轴号改为附加轴号;标注时也可暂不标注附加轴号,主轴号标注完成后,选择屏幕菜单中的【添补轴号】,或单击鼠标右键选择【添补轴号】添加附加轴号,详见图 9-9。

图 9-9 天正建筑 CAD 添补轴号、主附转换及轴改线型

　　若轴网不显示点画线,可以选中轴线后单击鼠标右键,选择【轴改线型】,即可显示点画线,详见图 9-9。绘图选项可以在左侧的屏幕菜单中选择,也可以单击鼠标右键选择。

　　(2)中望建筑 CAD 绘制轴网与天正建筑 CAD 类似,但【轴网标注】时不显示轴网标注对话框,按照命令行提示操作即可,详见图 9-10,【添补轴号】、【主附转换】及【轴改线型】均可通过右键选择。绘制完成的平面轴网详见图 9-11。

　　附加轴线也可先不绘制,等绘制完主轴网后,再通过屏幕菜单的【添加轴线】来完成,或者通过偏移命令(OFFSET)偏移轴线,然后再用【轴号标注】对附加轴线标注轴号。

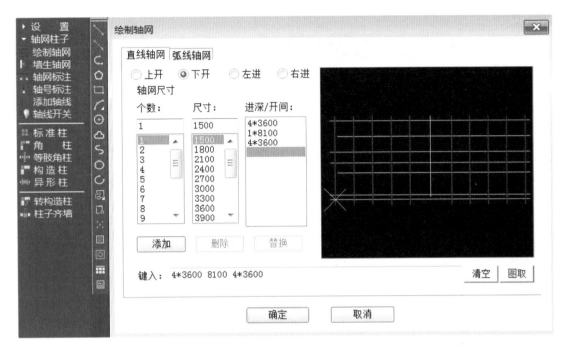

图 9-10 中望建筑（CAD）轴网绘制

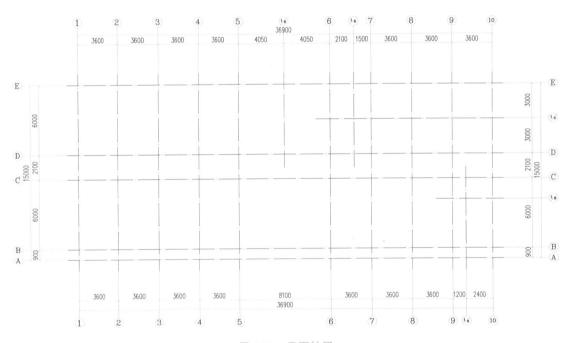

图 9-11 平面轴网

9.3 绘制墙柱

9.3.1 绘制柱子

（1）天正建筑 CAD 绘制柱子：鼠标左键单击【轴网柱子】下的【标准柱】按钮，在弹出的【标准柱】对话框中设置柱子信息，然后进行布置。在对话框的下方给出了常用的布置方式，如点选、按照轴线布置或框选等，可根据自己的习惯选择。本任务除⑤轴、⑥轴交Ⓑ轴、Ⓒ轴处的柱子尺寸为 450mm×450mm 外，其余均为 400mm×400mm，详见图 9-12。

（2）中望建筑 CAD 绘制柱子的操作步骤与天正类似，但操作界面稍有不同，柱子布置方式在对话框左侧，详见图 9-13。

图 9-12 天正建筑 CAD 绘制标准柱　　　　图 9-13 中望建筑 CAD 绘制标准柱

9.3.2 绘制墙体

（1）天正建筑 CAD 绘制墙体：鼠标左键单击【墙体】按钮，选择【绘制墙体】，在弹出的【墙体】对话框中设置【墙厚】、【墙高】、【材料】、【用途】等信息，详见图 9-14。也可以选择【单线变墙】按钮，选择轴线生成墙体，详见图 9-15。

墙体绘制完成后，鼠标左键单击【轴网柱子】按钮，选择【柱齐墙边】，将柱按照要求进行偏移，选择时，可以点选或框选，按照命令行提示进行操作即可。

绘制墙体时可以先绘制对称轴（⑤轴）左侧部分，该部分绘制完成后使用【镜像】命令镜像出右侧部分，绘制时应灵活使用【镜像】、【复制】等命令。

（2）中望建筑 CAD 绘制墙体：在【墙梁板】下选择【创建墙梁】，在弹出的【墙体设置】对话框中进行设置，详见图 9-16。同样也可以采用【单线变墙】方式绘制墙体，详见图 9-17。绘制完成的墙柱平面布置图详见图 9-18。

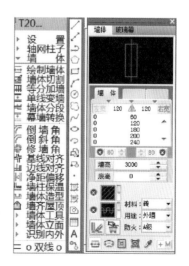

图 9-14 天正建筑 CAD 绘制墙体设置

图 9-15 天正建筑 CAD 单线变墙

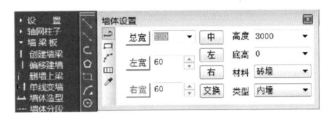

图 9-16 中望建筑 CAD 墙体设置

图 9-17 中望建筑 CAD 单线变墙

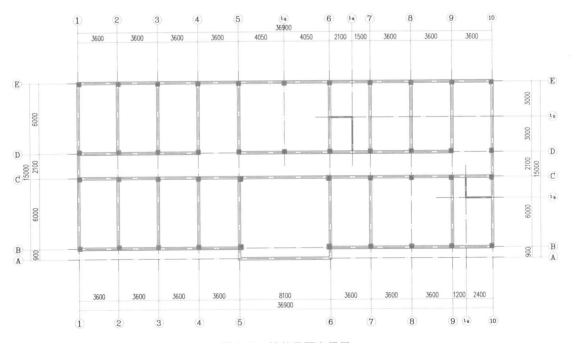

图 9-18 墙柱平面布置图

9.4　绘制门窗

9.4.1　绘制门

（1）天正建筑 CAD 绘制门：鼠标左键单击【门窗】按钮，选择【插门】，在弹出的【门】对话框中设置【门宽】、【门高】、【门槛高】、【编号】、【类型】等信息，然后按照所给出插入方式进行插入，这里提供了智能插入、沿墙顺序插入、墙垛定宽插入、轴线定距插入、依据点取两侧的轴线进行等分插入（轴线等分插入）及在点取的墙段上等分插入等几种插入形式，使用者可根据具体情况来选用。本任务中采用智能插入、轴线等分插入、轴线定距插入及墙垛定宽插入方式相对快捷，也可先按照某一方式插入，然后再移动到合适的位置。

插入门时，输入"D"左右翻转，输入"A"内外翻转。选中已插入的门，鼠标左键单击"红叉"（改二维开向）也可以改变门的开启方向。天正建筑 CAD 插入门详见图 9-19。

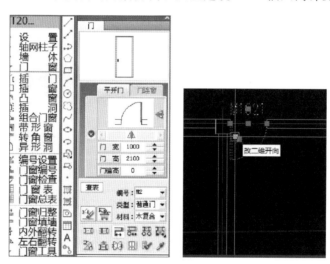

建筑模块化 CAD
绘制平面图门窗、
楼梯及标注

图 9-19　天正建筑 CAD 门设置

（2）中望建筑 CAD 绘制门：在【门窗】下选择【门窗】选项，在弹出的【门窗参数】对话框中选择相应的按钮来选择【插门】，单击门的平面或立面图样可以打开【图库管理】，从中选择合适的门样式，详见图 9-20。

图 9-20　中望建筑 CAD 门设置

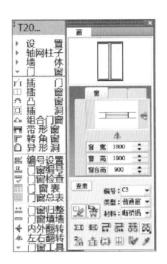

图 9-21　天正建筑 CAD 窗设置

9.4.2　绘 制 窗

（1）天正建筑 CAD 绘制窗：鼠标左键单击【门窗】按钮，选择【插窗】，在弹出的【窗】对话框中设置窗信息，具体操作可参照绘制门，本任务中采用轴线定距插入方式相对快捷。

如果是高窗，要在【类型】中选择【高窗】选项，插入高窗后如果不显示虚线，可以修改高窗的线型比例，系统默认的线型比例为 1000，可修改为小于 1 的数，直到显示合适为止。天正建筑 CAD 窗插入详见图 9-21。

（2）中望建筑 CAD 绘制窗：在【门窗】下选择【门窗】选项，在弹出的【门窗参数】对话框中选择相应的按钮来选择【插窗】，单击窗的平面或立面图样可以打开【图库管理】，从中选择合适的窗样式，详见图 9-22 至图 9-24。绘制完成的门窗平面布置图详见图 9-25。

图 9-22　中望建筑 CAD 窗设置

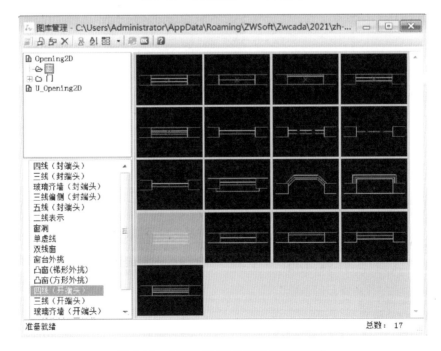

图 9-23　中望建筑 CAD 图库平面窗形式

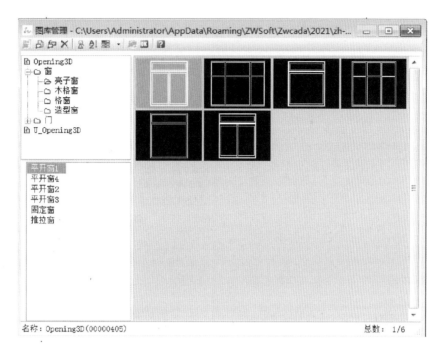

图 9-24 中望建筑 CAD 图库立面窗形式

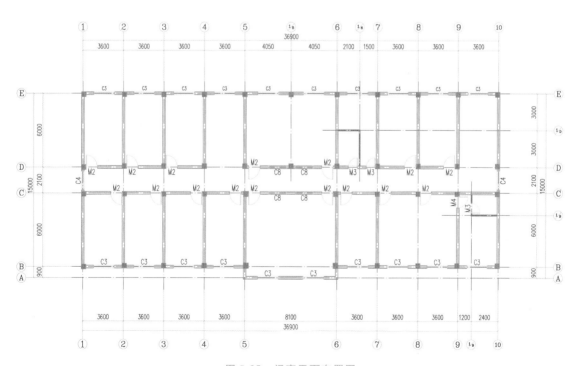

图 9-25 门窗平面布置图

9.5 绘制楼梯

(1)天正建筑 CAD 绘制楼梯:鼠标左键单击【楼梯其他】按钮,选择【双跑楼梯】,在弹出的【双跑楼梯】对话框中设置楼梯高度、踏步总数、一跑步数、二跑步数、踏步高度、踏步宽度、休息平台及其他参数等信息,按照给定的信息进行设置后将楼梯插入即可,详见图 9-26。

图 9-26 天正建筑 CAD 楼梯设置

(2)中望建筑 CAD 绘制楼梯:在【建筑设施】下选择【双跑楼梯】选项,在弹出的【双跑楼梯】对话框中设置楼梯高度、踏步总数、一跑步数、二跑步数、踏步高度、踏步宽度及其他参数等信息,按照给定的信息进行设置后将楼梯插入即可,详见图 9-27。绘制完成的楼梯平面布置图详见图 9-28。

图 9-27 中望建筑 CAD 楼梯设置

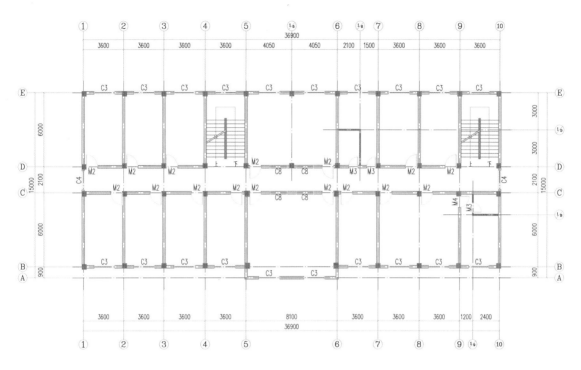

图 9-28 楼梯平面布置图

9.6 尺寸标注与文字注写

9.6.1 尺寸标注

(1)天正建筑 CAD 尺寸标注:鼠标左键单击【尺寸标注】按钮,选择【门窗标注】及【内门标注】对门窗尺寸进行标注,对于局部尺寸可以选用【逐点标注】,对于漏标的可以单击鼠标右键选择【增补尺寸】进行补标。也可选择【快速标注】及【自由标注】进行标注,标注后再按照制图标准进行调整。选择【符号标注】中的【标高标注】标注标高,图名则采用该选项下的【图名标注】注写,详见图 9-29。

(2)中望建筑 CAD 的尺寸标注方式同天正建筑 CAD,只是界面稍有不同。标高可以选择【尺寸标注】中的【标高标注】项注写(图 9-30),图名采用【文表符号】中的【图名标注】注写。

9.6.2 文字注写

(1)天正建筑 CAD 文字,可选择【文字表格】中的【单行文字】或者【多行文字】进行注写。

(2)中望建筑 CAD 文字,可选择【文表符号】中的【单行文字】或者【多行文字】进行注写。

文字与尺寸标注详见图 9-31。

图 9-29　天正建筑 CAD 标高标注

图 9-30　中望建筑 CAD 标高标注

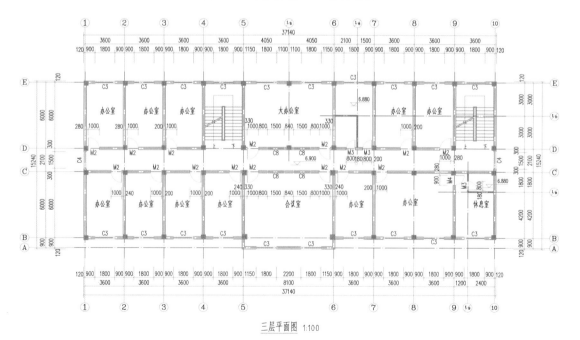

三层平面图 1:100

图 9-31　文字与尺寸标注

9.7　卫生洁具及家具绘制

（1）天正建筑 CAD 绘制卫生洁具及家具：鼠标左键单击屏幕菜单
上的【图块图案】按钮，在弹出的【天正图库管理系统】对话框中选择
【plan】下的【平面家具】和【平面洁具】中相应的家具和卫生浴具插入到
相应的房间即可，详见图 9-32。

（2）中望建筑 CAD 绘制卫生洁具及家具：鼠标左键单击屏幕菜单
上的【图块图案】按钮，选择【图库管理】，在弹出的【图库管理】对话框
中选择【通用图库】下的【室内图库】，在该选项下找到【厨卫设备】和

建筑模块化
CAD 插入洁具、
家具及图框

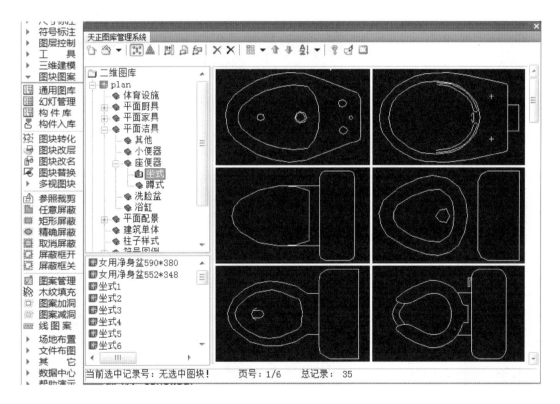

图 9-32　天正建筑 CAD 图库

【家具】，选择相应的卫生洁具和家具插入到相应的房间即可，详见图 9-33。卫生洁具及卫生
隔断也可选择【房间】主选项下的【洁具管理】和【卫生隔断】绘制，详见图 9-34。至此，三层平面
图绘制完成，详见图 9-1。

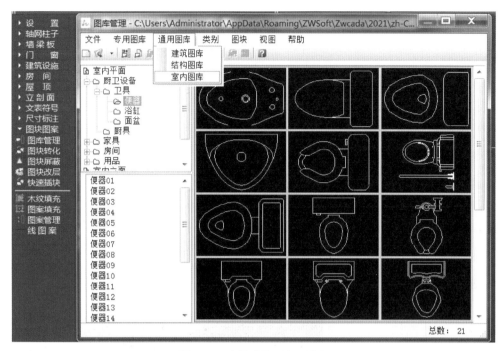

图 9 33　中望建筑 CAD 图库

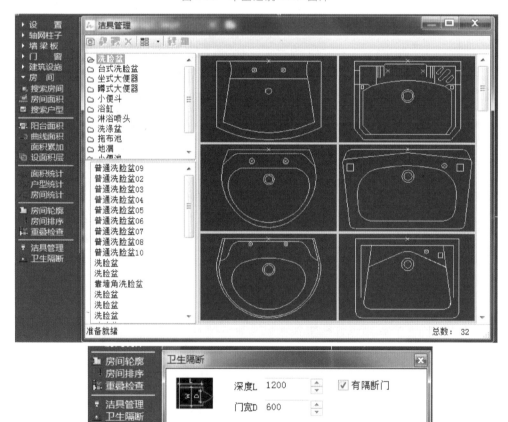

图 9 34　中望建筑 CAD 洁具管理及卫生隔断

9.8　插入图框

选择屏幕菜单【文件布图】下的【插入图框】,在弹出的【插入图框】对话框中选择合适的图框类型及比例,标题栏可统一修改。天正建筑 CAD 与中望建筑 CAD 的插入图框界面稍有不同,详见图 9-35、图 9-36。

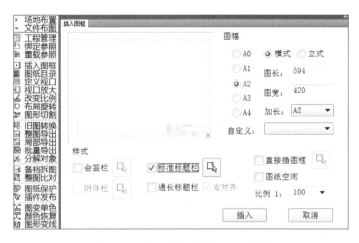

图 9-35　天正建筑 CAD 插入图框

图 9-36　中望建筑 CAD 插入图框

 绘图技巧总结

(1)确定绘制图形的数量。根据房屋的外形、层数、平面布置和构造内容的复杂程度,以及施工的具体要求,确定图形的数量,做到表达内容既不重复也不遗漏。图形的数量在满足施工要求的条件下以少为好。

(2)选择适当的绘图比例和出图比例。

(3)进行合理的图面布置。图面布置要主次分明,排列均匀紧凑,表达清楚,尽可能保持各图之间的投影关系。同类型的、内容关系密切的图形,集中在一张或图号连续的几张图纸里,以便对照查阅。

(4)施工图的绘制方法。建筑施工图的绘制,一般是按"平面图→立面图→剖面图→详图"的顺序进行的。绘制时要按照一定的层次进行,如建筑平面图的绘制步骤如下:

①绘制定位轴网,然后画出墙、柱轮廓线。

②定位门窗洞口的位置,绘制细部,如楼梯、台阶、卫生间等。

③经检查无误后,删除多余的图线及辅助线。

④标注内外部尺寸及标高,注写房间信息、门窗编号、索引符号以及其他文字说明。在底层平面图中,还应绘制剖切符号、指北针等内容。

⑤在平面图下方注写图名及比例。

习　　题

采用天正建筑 CAD 或者中望建筑 CAD 绘制任务 4 习题中的建筑平面图,图层、文字、标注样式采用软件默认设置。

任务 10　采用建筑模块化 CAD 绘制建筑立、剖面图

知识目标	能力目标	相关命令
掌握建筑模块化 CAD 的基本功能	能够使用建筑模块化 CAD 绘制各类立、剖面构造	LPWG、CZBZ、PMQB、XSQB、JXPL、PMMC、PQJM、XXPT、PMTD、LTLG、FSJT、TKGL 等
掌握建筑模块化 CAD 的绘图技巧	能够灵活运用传统 CAD 及建筑模块快速、系统地绘制立面图及剖面图相关内容	

　　本次任务为采用建筑模块化 CAD 绘制建筑立、剖面图,是 1＋X 职业技能等级考核的重点内容,也与今后的工作紧密结合,绘图难度中等,用的新命令较多。本次任务采用模块化建筑 CAD 绘制的图元多属于模块化图形,尽量不要将其分解,绘图过程中尚需结合常用的 CAD 命令来完成。如果已经绘制完成各层建筑平面图,则可以通过平面图直接生成建筑立、剖面图,限于课时安排,这里无法实现此操作,故选用较有代表性的中望建筑 CAD 绘制建筑立、剖面图,天正建筑 CAD 绘制建筑立、剖面图的过程与此类似。通过本次任务的学习,学生能更好地掌握建筑模块化 CAD 的绘图思路和绘图技巧,绘图速度及精准度都将有很大的提升,能较快适应今后的岗位需求。

　　思政元素:建筑立、剖面图绘制完成后,学生可以先自检,再互检,在此过程中取长补短、共同进步。

10.1　绘制立面图

10.1.1　立面图绘制内容及要求

　　本次任务绘制内容同任务 5,而绘制⑩—①轴立面图,详见图 10-1。绘图比例 1∶1,出图比例 1∶100。

建筑模块化 CAD 绘制立面图

　　(1)绘制内容主要包括:地坪线、外轮廓线、台阶、坡道、勒脚、门窗、雨篷、阳台、檐口屋顶,并标注尺寸、标高、图名和比例。

　　(2)图层、文字样式及尺寸标注样式采用软件默认设置。

10.1.2　绘制立面网格及外轮廓

　　鼠标左键单击屏幕菜单上的【立剖面】按钮,选择【立剖网格】,在弹出的【立剖面轴线和层线参数】对话框中输入相应的数据,轴线间距:4＊3600、4＊3600、2＊4050;层线间距:480、3600、3＊3300、2800。输入完成后将轴线插入轴网层,详见图 10-2、图 10-3。然后单击【层轴标注】按钮,输入相应数据,起始轴线选择最右侧的轴线,终止轴线选择最左侧的轴线。删除−1F 和 5F,删除⑥轴,或将 ⑥ 轴改为⑯轴。立面网格绘制完成后再采用【PL】命令绘制地坪线和外轮廓线,地坪线的全局线宽取 70,外轮廓线的全局线宽可以取 50。立面外轮廓详见图 10-4。

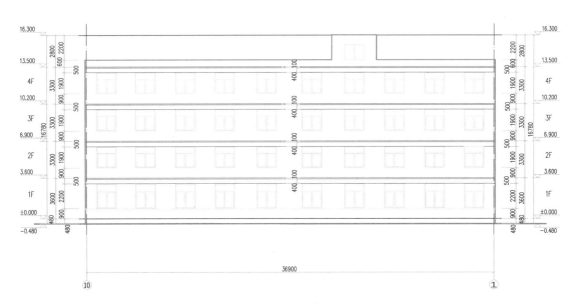

图 10-1　⑩—①轴立面图

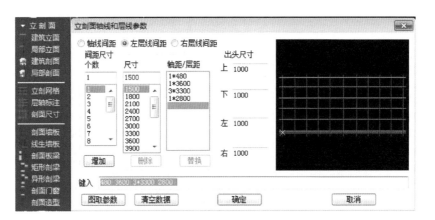

图 10-2　立剖面轴线和层线参数设置

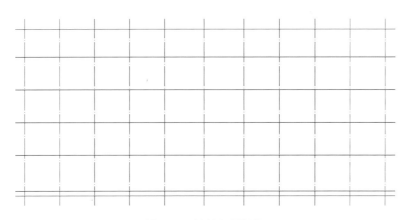

图 10-3　绘制立面网格

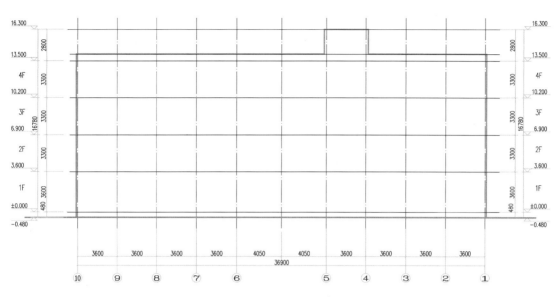

图 10-4 立面外轮廓

10.1.3 绘制立面窗

鼠标左键单击屏幕菜单上的【图块图案】按钮，在弹出的【图库管理】对话框中选择【立面门窗】，将立面窗插入到相应的位置即可，立面窗布置图详见图 10-5。

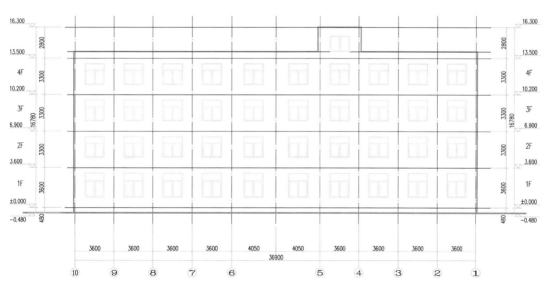

图 10-5 立面窗布置图

10.1.4 标注尺寸

标注第三道尺寸线即窗尺寸线，并绘制装饰线，调整标注样式，建筑立面图就完成绘制，详见图 10-1。

10.2　绘制剖面图

10.2.1　剖面图绘制内容及要求

建筑模块化
CAD 绘制
剖面图

　　本次任务绘制 1—1 剖面图,详见图 10-6。绘图比例 1∶1,出图比例 1∶100。

　　(1)绘制内容主要包括:剖切到的台阶、雨篷、室内外地面、楼板层、墙、屋顶、门窗等,并标注尺寸、标高和图名。

　　(2)除剖面墙、梁、板及填充图层颜色调整为 30 外,其余图层、文字样式及尺寸标注样式采用软件默认设置 。

　　(3)框架结构部分:楼板厚 120mm,框梁截面尺寸 240mm×500mm,楼梯梁截面尺寸 200mm×400mm,梯板厚 120mm,楼梯间休息平台厚 100mm。

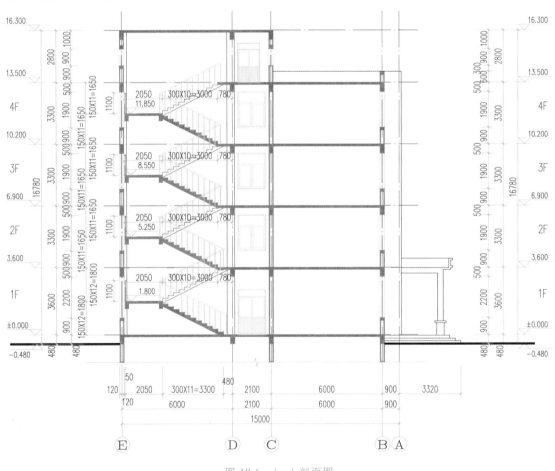

图 10-6　1—1 剖面图

10.2.2　绘制剖面网格

鼠标左键单击屏幕菜单上的【立剖面】按钮，选择【立剖网格】，在弹出的【立剖面轴线和层线参数】对话框中输入与之相应的数据，轴线间距 6000、2100、6000、900，层线间距 480、3600、3 ＊ 3300、2800，插入轴网层线，然后单击【层轴标注】按钮，输入相应数据，起始轴线选择最右侧的轴线，终止轴线选择最左侧的轴线，删除－1F 和 5F，具体过程可参照立面图的绘图。剖面网格详见图 10-7。

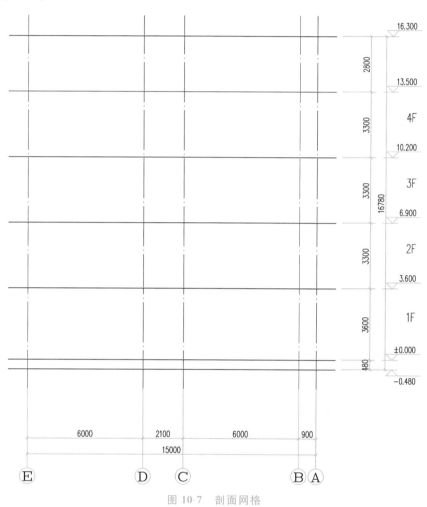

图 10-7　剖面网格

10.2.3　绘制剖面墙板

（1）首先在【立剖面】选项下选择【剖面墙板】，在弹出的【剖面墙板】对话框中设置楼板信息，见图 10-8（a），然后绘制楼板，绘制楼板时应从左向右绘制，否则楼板会向上偏移。也可用【线生墙板】或者【剖面板梁】来绘制楼板，见图 10-8（b）、（c）。

（2）选择【矩形剖梁】命令插入梁，见图 10-8（d），水平构件绘制完成。

（3）采用同样的方法绘制竖向墙体，绘制过程中可以综合使用【复制】和【阵列】命令快速绘图。剖面墙、梁板布置图详见图 10-9。

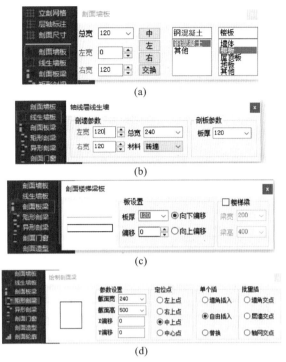

(a)

(b)

(c)

(d)

图 10-8　剖面墙、梁、板设置

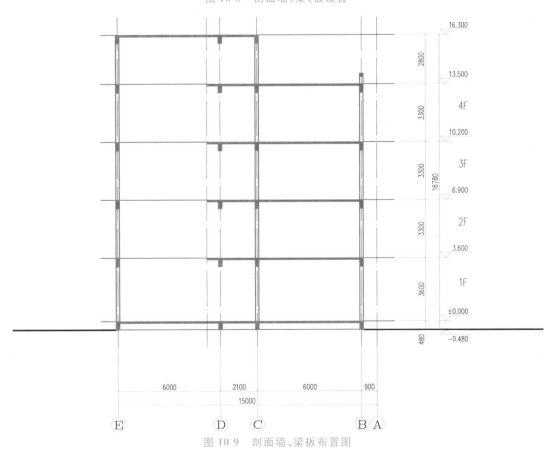

图 10-9　剖面墙、梁板布置图

10.2.4 绘制门窗

首先在【立剖面】菜单下选择【剖面门窗】，在弹出的【剖面门窗】对话框中设置窗参数，详见图 10-10。如须单独绘制过梁，可以勾选【门窗过梁】选项，并设置过梁高度，也可选择墙体后点击鼠标右键选择【剖面门窗】。然后，在【图库图案】菜单下选择【图框管理】，选择【专用图框】下的【立面门窗】，详见图 10-11。剖面门窗绘制完成，详见图 10-12。

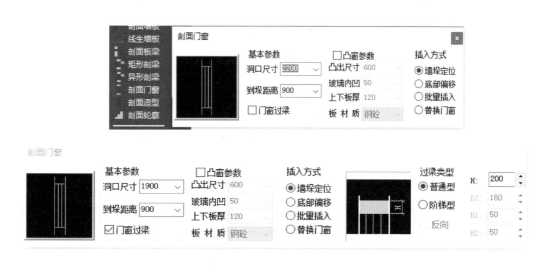

图 10-10 剖面门窗设置

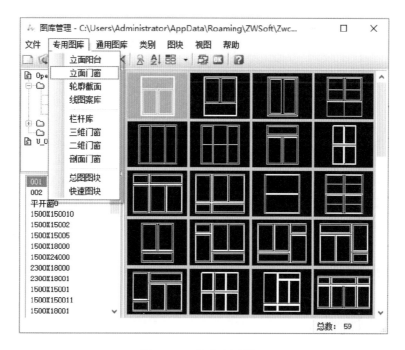

图 10-11 图库立面门窗

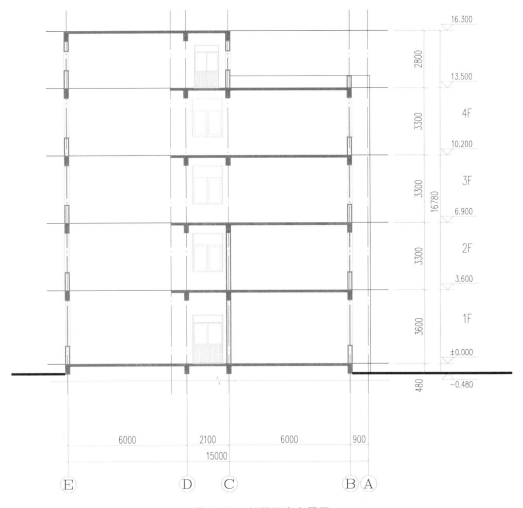

图 10-12　剖面门窗布置图

10.2.5　绘制楼梯

将①轴向左偏移 480、3300、2050，对楼梯的起点及休息平台位置进行水平定位，再将±0.000 层线向上偏移 1800，定位出休息平台的竖向位置。在【立剖面】菜单下选择【休息平台】选项，绘制休息平台，再选择【剖面梯段】，在弹出的【剖面梯段】对话框中设置梯段参数，此处应注意水平对齐及楼梯类型的选择，如第一跑（剖切梯段）应选择【对齐上梁】，第二跑（可见梯段）应选择【对齐下梁】，剖面楼梯设置详见图 10-13。选择【楼梯栏杆】选项，在命令行选择【框选剖梯 Q】框选所有楼梯，绘制楼梯栏杆，再选择【扶手接头】选项，添加扶手接头。剖面楼梯布置图详见图 10-14。

10.2.6　剖面图标注

绘制完柱子看线及入口雨篷（雨篷尺寸详见图 6-11）后标注窗及楼梯尺寸线。选择【剖面尺寸】标注窗尺寸线，标注完成后采用【尺寸均布】调整基线间距；选择任一梯段，单击右键选择【剖梯标注】，标注楼梯细部尺寸。1—1 剖面图就绘制完成，详见图 10-6。

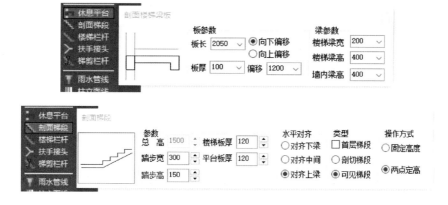

图 10-13　剖面楼梯设置

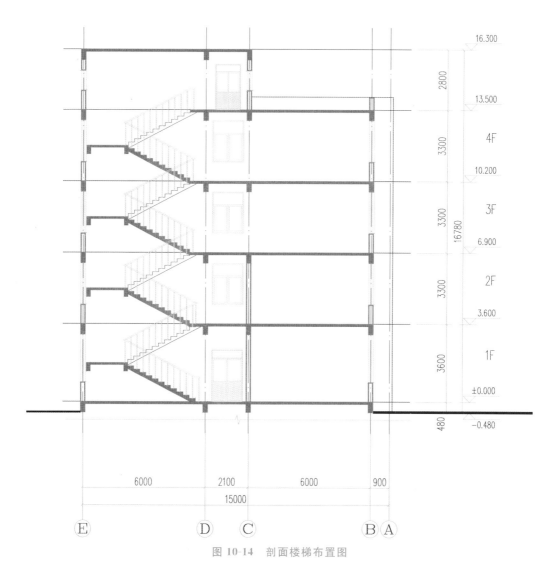

图 10-14　剖面楼梯布置图

绘图技巧总结

（1）建筑立面图的绘图步骤

建筑立面图一般置于平面图的上方，侧立面图或剖面图可置于所绘立面图的一侧。

①绘制立面网格、室外地坪线、外墙轮廓线、屋顶线等。

②根据层高、标高和平面图门窗洞口尺寸，绘制立面图中门窗、檐口、雨篷、雨水管等细部的外形轮廓。

③绘制门窗、墙面分格线、雨水管等细部，对于相同的构造、做法（如门窗立面和开启形式）可以只详细绘出其中的一个，其余的只绘外轮廓。

④检查无误后加深图线，并注写标高、图名、比例及有关文字说明。

（2）剖面图的画法步骤

①绘制剖面网格、室内外地坪线、各层楼面线和屋面线，并画出墙身轮廓线。

②绘制楼板、屋顶的构造厚度，再确定门窗位置及细部（如梁、板、楼梯段与休息平台等）。

③经检查无误后，按施工图要求加深图线，绘制材料图例。注写标高、尺寸、图名、比例及有关文字说明。

（3）楼梯详细的画法步骤

①绘制轴线、室内外地面与楼面线，确定平台及墙身位置，量取楼梯段的水平长度、竖直高度及起步点的位置。

②用等分两平行线间距离或者阵列的方法划分踏步的宽度、步数、高度、级数。

③绘制楼板和平台板厚，再绘制楼梯段、门窗、平台梁及栏杆、扶手等细部。

④检查无误后加深图线，在剖切到的轮廓范围内画上材料图例，注写标高和尺寸，最后在图下方写上图名及比例等。

习　　题

采用天正建筑 CAD 或者中望建筑 CAD 绘制任务 5 和任务 6 习题内容，图层、文字及标注样式采用软件默认设置。

模块 4
成果转换与打印输出——应用篇

CAD 成果转换与打印输出是学生进入工作岗位后必备的技能，成果转换可方便工作交流，成果打印输出可更好地满足各类工作需求，推荐学生自学。

任务 11　成果转换与打印输出

知识目标	能力目标	相关命令
掌握各类 CAD 成果转换的基本要点	能够将建筑模块化 CAD 图转换为传统 CAD 图	PLDC、PLOT、
掌握 CAD 成果打印的基本设置	能够熟练进行 CAD 成果的打印输出	Ctrl＋P

　　CAD 成果转换与打印输出是学生进入工作岗位后必备的技能,成果转换方便工作交流,成果打印输出可更好地满足各类工作需求,推荐学生自学。

　　思政元素:学以致用、用以促学、知行合一。

11.1　建筑模块化 CAD 图转换为传统 CAD 图

CAD 成果
转换与打印
输出

　　采用天正建筑 CAD 或中望建筑 CAD 绘制的建筑图,如果在只安装了传统 CAD 的电脑上打开,只能显示传统 CAD 绘制的部分,而采用建筑模块绘制的部分均显示不出来,此时可以采用【文件布图】中的【批量导出】命令来实现成果转换。

　　天正建筑 CAD 和中望建筑 CAD 均通过"【文件布图】→【批量导出】→选择要转换的图纸→【打开】→选择转换后的文件保存位置→【确定】"进行转换。注意选择 CAD 版本时尽量选择低版本,方便对外交流。天正建筑 CAD 成果转换详见图 11-1。

图 11-1　天正建筑 CAD 成果转换

11.2　打　印　出　图

（1）打印出图一般可以通过鼠标左键单击快捷访问工具栏图标 🖨 ，或选择【文件】下拉菜单中的【打印】选项，或可输入命令【PLOT】，或采用组合键【Ctrl＋P】实现，详见图 11-2。

图 11-2　打印方式选择

（2）在弹出的【打印-模型】对话框中选择相应的打印机，这里选择虚拟打印机【DWG To PDF.pc3】，单击打印机名称后的【特性】按钮，打开【绘图仪配置编辑器】对话框，在下面的【自定义特性】里选择【修改标准图纸尺寸（可打印区域）】，在后面的【修改标准图纸尺寸】中找到需要的图纸，如 ISO A2（594.00×420.00），单击后面的【修改】按钮，在【自定义图纸尺寸-可打印区域】修改其【上】、【下】、【左】、【右】的数值，将默认的数值改为相对较小的数值，如改为 0。单击底部的【下一步】→【完成】→【确定】，即可完成自定义图纸尺寸。本书以 AutoCAD 2020 为例讲解具体设置过程，详见图 11-3 至图 11-5。

（3）【打印偏移】选择【居中打印】，打印比例选择出图比例"1∶100"，【图形方向】选择"横向"，【打印样式表】选择"acad.ctb"可以打印彩色图纸，如选择"monochrome.ctb"则可以打印黑白图纸，在【打印区域】下的【打印范围】单击下拉箭头选择"窗口"，进入图纸模型空间，选择图纸的两个对角点，鼠标单击【预览】，如果没有问题，退出预览后点【确定】按钮，并选择文件的保存路径，如果继续打印，则只需要在【打印-模型】下的【页面设置】后的【名称】选项中选择【上一次打印】，即可调用前面的打印设置。具体打印设置及打印过程详见图 11-6 至图 11-11。

中望 CAD 2022 打印设置与 AutoCAD 2020 类似，仅个别细节不同，详见图 11-12。

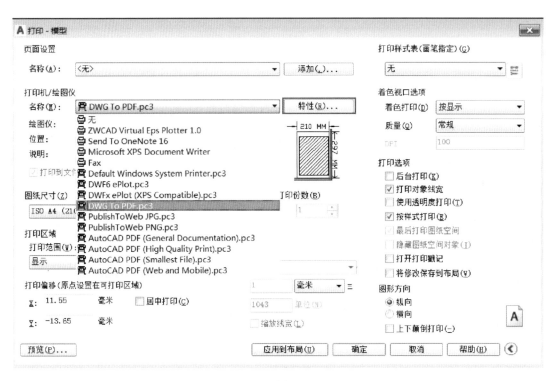

图 11-3　选择打印机

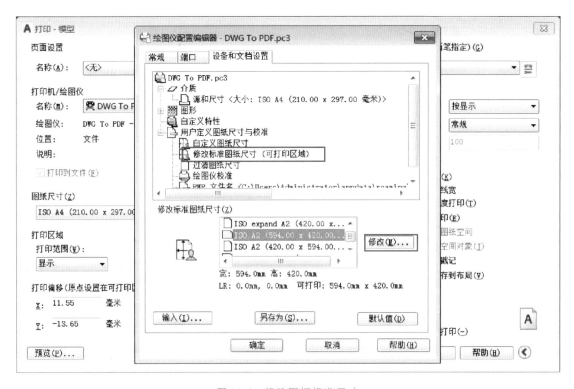

图 11-4　修改图框标准尺寸

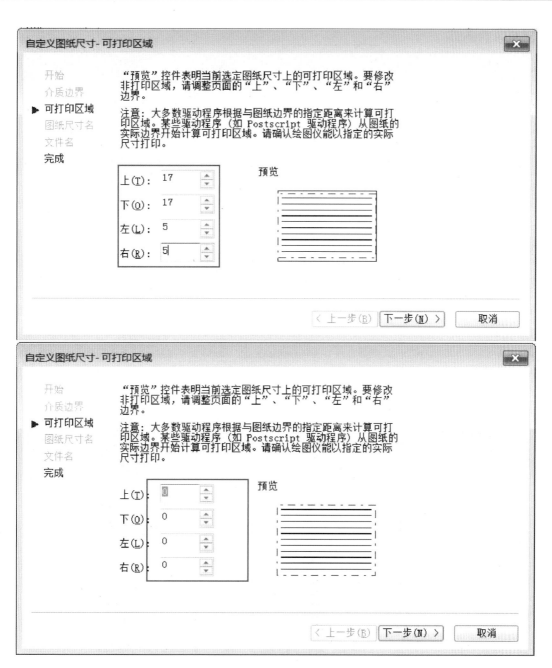

图 11-5   设置图纸可打印区域

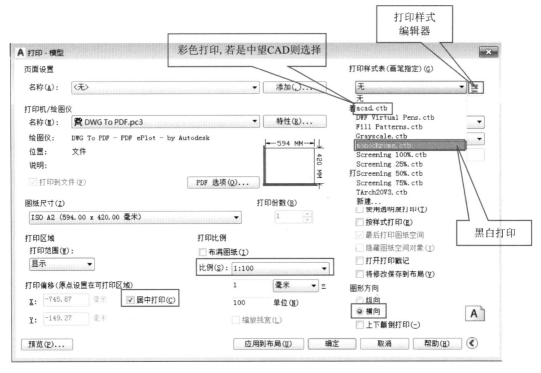

图 11-6　打印设置

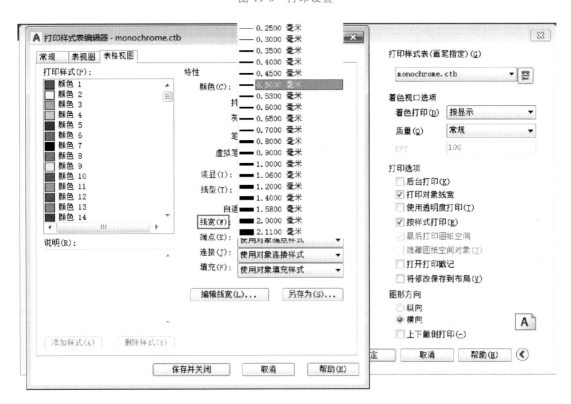

图 11-7　打印样式编辑器—根据颜色设置打印线宽

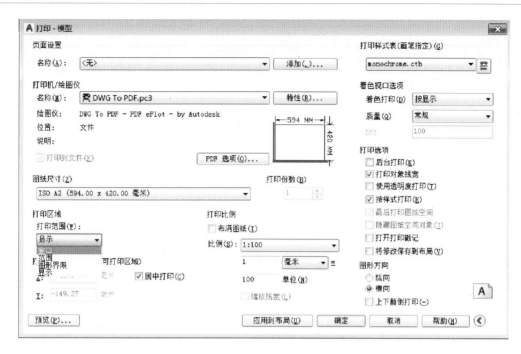

图 11-8　以窗口方式选择被打印的图形

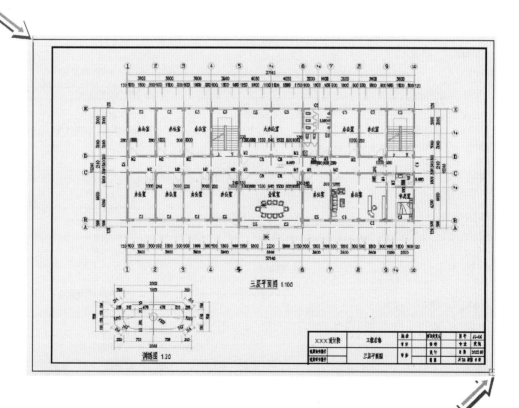

图 11-9　选择打印图形的两个对角点

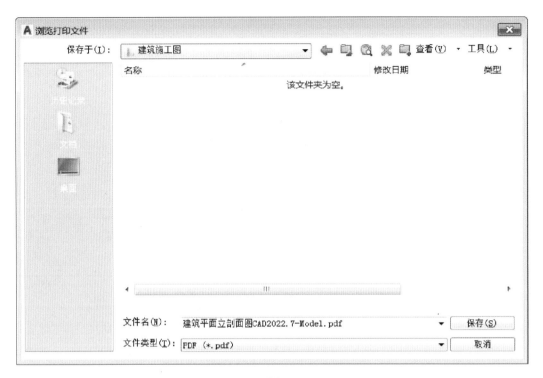

图 11-10　选择打印位置

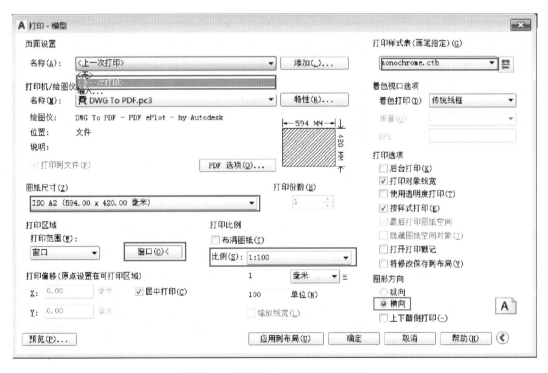

图 11-11　选择上一次打印继续打印

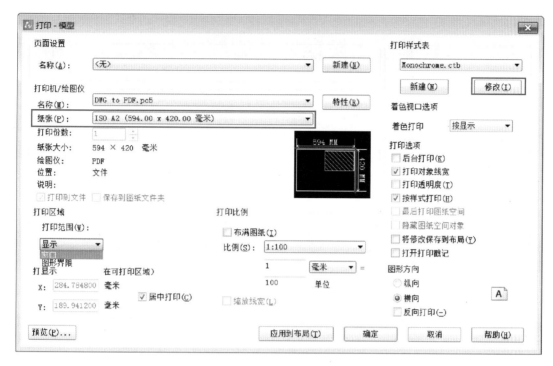

图 11-12 中望 CAD 2022 打印设置

附录　技能竞赛及职业技能等级考核题目浅析

本解析为编者个人对技能竞赛及职业技能等级考核题目的浅薄见解,仅供参考,不足之处敬请读者批评指正。

总体来说,无论是技能竞赛还是职业技能等级考核,都是考查学生的识图绘图能力及随场应变能力。题目相当于一个"纲",学生要严格照纲答题,并以此为标准进行评判。这跟真正的岗位工作是有区别的,现实工作中只要是按照国家、行业及企业标准绘图即可,无须拘泥于这些条框,但技能竞赛及职业技能等级考核的题目贴近岗位需求,可作为工作的前奏。

第一部分"绘图环境设置"主要考查学生对绘图环境的熟练程度,属于送分项,只要认真审题答题,基本都能取得较好的成绩。当然,绘图环境设置也会影响到后续的绘图工作,所以必须慎之又慎。

(1)图层设置:首先,图层的数量不能少,如果不够,可以增加。其次,图层的名称、颜色、线型、线宽都要跟题目要求完全一致,图层的任一参数出错均算错。如"墙、柱"写成"墙柱",或者名称出现错别字,"剖面图"误写成"刨面图","雨篷"误写成"雨蓬"等;颜色要输入数值,这样更精确;线型方面要注意,虚线和点画线须通过加载的方式来选择;线宽设置时要严格按照题目的要求设置,细心的同学可能会发现题目里的线宽组跟制图标准里的线宽组不完全一致,这只是考核的一个环节,按照要求答题就可以了。

(2)字体设置:首先两种字体样式均需设置,要注意的是字体名不能出错,如"汉字"误写为"汉子"或"文字"等。其次,每种字体样式的样式名、字体、宽度因子均应按题目要求设置,特别是宽度因子,很容易漏改,"非汉字"选择"Simplex"字体时,可以在"字体名"下的矩形框里输入"Sim"就可以快速找到该字体,题目没有要求选择"大字体"时可以不选,当然选了也不算错。

(3)尺寸标注样式:样式名、基线间距、超出尺寸界线、起点偏移量、箭头大小、文字样式、文字高度、全局比例等是需要逐项设置的。样式名要注意,有时为"尺寸",有时为"标注100",要看清题目要求;基线间距、超出尺寸界线、起点偏移量均在标注样式的第一项"标注线"里面设置,不要漏项,同时,也可以选择"固定长度的尺寸界线",这样在后续标注中会比较方便;箭头大小这里一般要求是 1.2mm,与制图标准的要求稍有不同,按照题目要求设置即可;文字样式默认的是"STANDARD"样式,一定要记得改为要求的字体样式,如"非汉字";最后全局比例一定要记得修改。其他未要求的设置不作为计分项,可以不去修改,默认即可,当然,合理的设置有助于后期的绘图,也可以按照制图标准的要求自行设置。

除以上设置外,还有些其他的绘图环境设置,如"选项"、"状态栏"等,这些设置不做考核要求,但应该根据自己的绘图习惯在正式答题前设置好,这样可以节省时间。

第二部分"绘图环节"不是简单的抄绘,而是要求学生在充分识图的基础上进行补绘或从头绘制,既是考查学生的绘图能力,更深层的是考查学生的识图能力。技能竞赛中的模块三——建筑专业竣工图主要包括建筑平面图、立面图、剖面图以及楼梯等内容,要求选手独立完成。模块四——建筑工程施工详图包括建筑详图、结构施工详图两大部分,要求选手合作完成。模块四又以结构施工详图为主,结构施工详图包含了各类基础、基础梁、剪力墙、边缘构件、墙梁、框架柱、框架梁、非框架梁、楼板、楼梯等内容。职业技能等级考核的方式与技能竞赛类似，所不同的是所有题目都由考生独立完成，同时，职业技能等级考核可以采用中望建筑CAD中建筑模块绘图，而技能竞赛不允许。下面对绘图题目进行简单的分析，希望能对读者有一点帮助。

（1）图名、比例相对简单，属于送分项，但要注意，题目下方要有下画线，可以绘制一条粗线，粗线下方加一条细线也可以，图名字体的高度要比图中的字高稍大，比例的字高要比图名小1～2号。

（2）所有题目中的标高、文字标注及尺寸标注相对比较简单，能注写的尽量注写。

（3）平面图中的轴线、墙体、柱、门窗、楼梯、台阶坡道，建筑立面图中的地坪线和外轮廓线、台阶、坡道、勒脚、门窗、雨篷、阳台、檐口屋顶，剖面图中剖到的台阶、雨篷、室内外地面、楼板层、墙、屋顶、门窗，建筑详图中各种构造形式及材料、规格、相互连接方法、相对位置等内容可以按照图元属性依次绘制，不要眉毛胡子一把抓，当然也不要漏项。

（4）结构详图要注意线性钢筋采用【多段线】命令绘制，其线宽＝出图后的线宽0.5×出图比例数，点钢筋采用【圆环】命令绘制，内径设为零，外径设为不小于线性钢筋线宽即可。钢筋注写前，一定要设置钢筋字体，选择探索者字体"tssdeng"，否则写出来的钢筋符号显示"???"。

（5）绘制结构详图要注意绘制的层次，一般按照"构件轮廓→线性钢筋→点钢筋→钢筋信息注写→尺寸、标高标注→图名比例"的顺序进行绘制，重点是钢筋的连接、锚固及相应的抗震构造，绘制时尽量不要漏项，如框架梁的上部钢筋、下部钢筋、侧面钢筋、箍筋、拉筋、加腋钢筋等，同时要注意钢筋在端支座及中间制作的锚固、钢筋的连接方式及连接位置、箍筋加密区范围及箍筋间距等构造。绘制剪力墙时要注意竖向钢筋及水平钢筋的位置关系，谁在内谁在外。绘制楼梯时要注意是哪种类型的楼梯，是否考虑抗震构造等。

总之，技能竞赛和职业技能等级考核是对学生综合能力的考查，而这种能力正是岗位需求的基本能力，希望同学们借此契机提升自己！

参 考 文 献

[1] 中华人民共和国住房和城乡建设部. 房屋建筑制图统一标准：GB/T 50001—2017 [S]. 北京：中国建筑工业出版社，2017.

[2] 中华人民共和国住房和城乡建设部. 建筑制图标准：GB/T 50104—2010[S]. 北京：中国计划出版社，2010.

[3] 中华人民共和国住房和城乡建设部. 建筑结构制图标准：GB/T 50105—2010[S]. 北京：中国建筑工业出版社，2010.

[4] 中华人民共和国住房和城乡建设部. 总图制图标准：GB/T 50103—2010[S]. 北京：中国计划出版社，2010.

[5] 张丽军. 建筑CAD[M]. 武汉：武汉理工大学出版社，2017.

[6] 夏玲涛. 建筑CAD[M]. 2版. 北京：中国建筑工业出版社，2017.